西式面点师培训指导教材——中级

侯 婷 主编

北京理工大学出版社
BEIJING INSTITUTE OF TECHNOLOGY PRESS

内 容 简 介

本书在编写中根据西式面点工职业的工作特点，以能力培养为根本出发点，采用模块化的编写方式。全书共分为八个模块、二十个项目，内容包括：职业习惯养成、酥类糕点制作、面包制作、蛋糕制作与装饰、泡芙制作、乳冻制作、安全生产、质量管理等。本书从强化培养操作技能，掌握实用技术的角度出发，较好地体现了当前西式面点的实用知识与操作技术，对于提高从业人员基本素质，掌握西式面点师的核心知识与技能有直接的帮助和指导作用。本书可作为西式面点师（中级）职业技能培训与鉴定考核教材，也可供职业院校相关专业师生参考使用，以及本职业从业人员培训使用。

图书在版编目（CIP）数据

西式面点师培训指导教材：中级／侯婷主编. —北京：北京理工大学出版社，2019.5
ISBN 978-7-5682-6919-3

Ⅰ. ①西… Ⅱ. ①侯… Ⅲ. ①西点-制作-技术培训-教材 Ⅳ. ①TS213.23

中国版本图书馆 CIP 数据核字（2019）第 066517 号

出版发行／北京理工大学出版社有限责任公司
社　　址／北京市海淀区中关村南大街 5 号
邮　　编／100081
电　　话／（010）68914775（总编室）
　　　　　（010）68944990（批销中心）
　　　　　（010）68911084（读者服务部）
网　　址／http://www.bitpress.com.cn
经　　销／全国各地新华书店
印　　刷／定州市新华印刷有限公司
开　　本／787 毫米 ×1092 毫米　1/16
印　　张／10.5　　　　　　　　　　　　　　　　责任编辑／陆世立
字　　数／238 千字　　　　　　　　　　　　　　文案编辑／陆世立
版　　次／2019 年 5 月第 1 版　2019 年 5 月第 1 次印刷　　责任校对／周瑞红
定　　价／29.00 元　　　　　　　　　　　　　　责任印制／边心超

前　言

西式面点起源于欧美地区，是西方饮食文化的代表，它用料讲究、风味独特、造型艺术、品种丰富，在西餐饮食中起着举足轻重的作用。西式点心品种多，造型漂亮营养丰富，是下午茶和欢乐生活中一道靓丽的美食风景。近年来，随着我国人民生活水平的提高和餐饮市场的快速发展，西式面点的市场需求量越来越大。这也给西式面点师这一职业带来了良好的发展空间。

职业技能的积极推进，尤其是职业资格证书制度的推行，为广大劳动者系统地学习相关职业的知识和技能，提高就业能力、工作能力和职业转换能力提供了可能。根据劳动和社会保障部规定，国家职业资格分为五个等级，从高到低依次为高级技师、技师、高级技能、中级技能和初级技能。西式面点师培训是国家提高劳动者素质、增强劳动者就业能力的一项重要举措。为在餐饮服务行业推行职业资格证书制度，劳动和社会保障部颁布了中式烹调师、中式面点师、西式烹调师、西式面点师等职业的国家职业标准。

西式面点师中级职业资格应该能够运用基本技能独立完成本职业的常规工作，掌握西式面点的原料和一般西点产品知识，能够熟练运用基本技能独立完成西式面点师的常规工作；并在特定情况下，能够运用专门技能完成较为复杂的西点产品的制作。

为了落实国务院关于大力推进职业教育改革与发展的决定，适应国家加强职业教育的发展要求，适应"1+X"证书制度，把基于生产实际的岗位技能全程融入教育教学，开展行动导向的模块化教学改革，培养复合型技术技能人才，满足企业对有真才实学的高技能技术人才的迫切需要，我们在国家职业技能培训方面所累积的成功经验基础上，编写了这本西式面点师（中级）培训指导书。本书从强化培养操作技能，掌握实用技术的角度出发，遵循"培训什么，编什么"的原则，较好地体现了当前新的实用知识与操作技术。通过对内容的细化和完善，力求达到为培训教学与考核提供素材，为培训者提供实际操作的目的，对于提高从业人员基本素质，掌握西式面点师的核心知识与技能有直接的帮助和指导作用。

本书特点如下：

1. 内容简明精炼，覆盖面广，通用性强。内容涵盖了西式面点师（中级）要求的知识点，共编有20个项目类别，每个项目中介绍了多种实训任务，可供不同操作人员参考。

2. 实践为主，理论联系实际。理论教学以"必需、够用"为度，理论教学为实训做准备，整体教学与学的过程在一个实践大平台上完成，关键是培养学生实际操作的能力。

3. 依循职业教育特点，满足职业发展需要。本教材的编写主要针对从事职业教育学习的学生，所以在内容设计上依循职业教育特点分成了技能模块、实际操作模块、生产技术模块，让学生一步一步培养成为职业能手。

本书在编写过程中参考了相关的文献资料，在此向有关专家及作者表示衷心的感谢。由于编者水平有限，编写时间比较仓促，书中难免有错漏和不妥之处，欢迎广大读者给予批评指正。

编　者

目　　录

模块一

------------------------------- 职业习惯养成

掌握操作间常用设备、工具的使用和保养方法，能保证设备正常运转；明确操作间设备、工具、物品合理摆放的注意事项，能合理摆放操作间设备、工具、物品；掌握操作间卫生要求和维护方法，能正确维护操作间环境卫生。

实训项目　操作间的整理

1. 能保证设备正常运转。
2. 能合理摆放操作间设备、工具、物品。
3. 能正确维护操作间环境卫生。

1. 操作间常用设备的使用和保养。
2. 操作间常用工具的使用和保养。
3. 操作间设备、工具、物品的合理摆放。
4. 操作间卫生要求。
5. 操作间卫生维护方法。

实训任务一 操作间设备、工具、物品摆放

一、操作间常用设备的使用与保养

（一）机械设备

1. 和面机

（1）和面机的结构组成。和面机是主要用来调制黏度极高的浆体或弹塑性固体等各种不同性质的面团的机械设备。常见和面机有卧式和面机（图1-1）和立式和面机（图1-2）两种，设备结构组成主要为搅拌器、搅拌缸、电动机、传动装置和控制开关等。使用和面机时，将各种原辅料倒入搅拌器内，打开开关，搅拌器开始转动，快速有效地将各种材料混合均匀，缸内面粉不断地被推、拉、揉、压。干性面粉得到均匀的水化作用，扩展面筋，成为具有一定弹性、韧性和延伸性的理想面团。

图1-1 卧式和面机　　　　　　图1-2 立式和面机

（2）和面机的使用与保养。

①将和面机置于四角平稳的工作场地，检查各部件紧固情况，如有松动及时紧固。插上电源，按开关启动电机，先空机运转，注意搅拌器的旋转方向与齿轮罩子上的箭头方向是否相同，检查传动系统是否正常，并将机器外壳可靠接地。

②检查一切正常后，即可和面。先倒入面粉，按比例加水，一边开机一边加水，面与水的比例一般为100:（40~50），若面较硬，中途可徐徐加水。若面团随搅拌器一起旋转，可沿面斗边撒些干面，或倒转搅拌器，即可排除。和面时，面粉的加入量不应超过面桶容量，以免烧坏电机。如发现面团有油污，应及时检修，更换油封。

③面和好后，应关闭电源，取出面团。

④机器使用完后应及时进行清洗，以免影响再次使用。在清洗时，应将各部件取下清洁，用清水冲洗，不可摔打搅拌器。另外，面桶内加水高度不应超过轴的最低点，以防止水从面桶侧板的轴孔溢出或流入侧板夹层中，影响其使用寿命。

⑤定期对整机进行清洁。应用湿毛巾擦拭设备，不可以用水冲洗设备主机，防止水进入电器或轴承内部，导致设备损坏。

⑥定期为机器内部的滑动件加润滑油，并在齿轮箱内加注耐磨齿轮油；查皮带松紧度，防止皮带打滑，损坏皮带。

2. 打蛋机

（1）打蛋机的结构组成。打蛋机也称搅拌机（图1-3），主要用于搅打各种黏稠性浆液和硬质面团。打蛋机分为手动打蛋机和电动打蛋机。手动打蛋机价格比较经济实惠，但是较耗体力，一般适用于家庭厨房、饭店等少量加工。电动打蛋机比较省力，将原材料加入容器内，然后将其固定，调节需要的速度后打开电源即可。它使用较为普遍，购买时可按容量的大小选择。常见的打蛋机多为立式，由搅拌器、容器、转动装置、容器升降机以及机座等部件组成。打蛋机操作时搅拌器高速旋转，强制搅打，被调和物料相互间充分接触并剧烈摩擦，实现对物料的混匀、乳化、充气等作用。

图1-3　打蛋机

（2）打蛋机（搅拌机）的使用与保养。

①使用设备前应了解设备的性能、工作原理和操作规程，严格按规程操作，检查各部件是否完好，待确认后方可开机操作。

②设备运行过程中不能强行扳动变速手柄而改变转速，否则会损坏变速装置和传动部件，设备不能超负荷使用，应避免长时间不停地运转。设备运行过程中听到异常声音

时，应立即停机检查，排除故障后方可再继续操作。

③要定期对设备的主要部件、易损部件、电动机进行维修检查。有变速箱的设备应及时补充润滑油，保持一定的油量，减小摩擦，避免齿轮磨损。

④设备上不要放置杂物，以免异物掉入机械内损坏设备。经常保持机械设备的清洁，对设备外部清洁时可用弱碱性温水擦洗，清洗时要切断电源，防止事故发生。

3. 酥皮机

（1）酥皮机的主要特点。

酥皮机又称压面机、开酥机（图1-4），是将揉制好的面团经过压面机可调节的轧辊之间间隙，轧成所需厚度的坯料，以便进一步加工的机械设备。酥皮机主要以擀制起酥面包面团和混酥类制品面团为主。酥皮机具有擀叠效果比手工好、制品质量稳定的优点，而且可以大大降低劳动强度。

图1-4 酥皮机

（2）酥皮机的使用与保养。

①使用设备前先检查轧辊是否干净，启动电机检查轧辊旋转方向是否符合标志方向。

②轧面操作时，先启动机器，再转动调距手柄，使两轧辊间距达到所需的距离。

③严禁将硬质杂物混入面坯内，以免损坏机件。

④日常工作完毕后，应清洁酥皮机的上下刮板、上下滚轮、面团承接板和输送带。

⑤经常对酥皮机各传动系统进行上油保养，经常对酥皮机输送带的松紧度与平衡性能进行检查。

4. 切片机

（1）切片机的种类与特点。

切片机是利用一组排列均匀的刀片的机械运动，对制品进行切片加工的机械设备（图1-5）。切片机主要作用是将冷却后的面包加以切割成片。一般有两种，一种是与包装机连接在一起的全自动切片机；另一种是独立的半自动切片机。切片机主要用于对吐司面包进行切片加工，也可以对没有果料的油脂蛋糕进行切片加工。运用切片机加工的制品具有厚薄均匀、切面整齐的特点。

图1-5 切片机

（2）切片机的使用与保养。

①设备工作时应放置平稳，不可在整机晃动的情况下工作。

②切片机不能切带有硬质果料的面包与蛋糕，防止刀片损坏。

③保持刀片的清洁卫生。日常工作完毕要对切片机进行清洁，扫除面包、蛋糕的碎屑。

④经常对切片机的刀片进行维护保养，保证刀片锋利。

5. 成型机

成型机是用于将面团分块、滚圆、搓条等外形加工以及定型的专用机械设备，常见的有面团分块机（图1-6）、面团揉圆机（图1-7）等。通过机械成型操作，能提高产品成型的稳定性，减轻劳动强度。

图1-6 面团分块机　　　　图1-7 面团揉圆机

近些年食品成型机械设备发展很快，种类也很多，如大型饼干成型机、蛋糕成型机等。例如，辊切饼干成型机，经过轧片机压延的平整光滑的面带进入机器辊切成型，面带先印花辊，同步切成带有花纹的生坯，常用于酥性饼干、苏打饼干的加工使用。很多成型机采用全自动微电脑控制，操作简单方便，可生产出各类带馅食品，常用于各类花式饼干的制作，还可用于软曲奇、传统月饼、凤梨酥等带馅产品的生产。

（二）成熟设备

西式面点常用的成熟设备主要有烤炉、燃气灶、油炸炉、微波炉等。

1. 烤炉

（1）烤炉的工作原理与种类。烤炉又称烤箱，烤炉是利用电热元件发出热量烤制食物的厨房电器。烤炉通过电或气源产生的热能使炉内的空气和金属传递热，成型后的半成品经烘烤、成熟上色后便制成成品。烤炉按不同要求配备加热器、温控仪、定时仪、传感器、涡轮风扇、加湿器等装置来控制烤箱，工作仪表可以布置在真空室外壁。传感器可以同时接收对流热、传导热和辐射热，烤箱一般采用先加热真空室壁面，再由壁面向制品进行辐射加热的方式。

烤炉的种类。烤炉有工业用烤炉和家用烤箱两大类。工业用烤炉按形状和功能分为层式平炉（图1-8）、旋转烤炉（图1-9）、隧道烤炉（图1-10）等种类。烤箱按热源分为电烤箱和燃气烤箱。家用烤箱有嵌入式烤箱和台式小烤箱两种。

图1-8　层式平炉　　　　　图1-9　旋转烤炉　　　　　图1-10　隧道烤炉

（2）烤炉的使用与保养。

①烤炉的使用。烘烤是一项技术性较强的工作，操作者必须掌握所使用烤炉的特点和性能。

a. 初次使用烤炉前应详细阅读使用说明书，避免因使用不当发生事故。

b. 制品烘烤前，烤炉必须预热，待温度达到工艺要求后才可进行烘烤。

c. 根据制品的工艺要求，合理选择烘烤时间。

d. 在烘烤过程中，要注意观察制品外表变化，及时进行温度调整。

e. 烤炉使用完毕应立即关闭电源，温度下降后要清理烤炉内的残留物。

②烤炉的保养。注重对烤炉的保养，能保证设备的正常使用，延长烤炉的使用寿命，也是保证制品质量的重要手段。

a. 保持烤炉的清洁，但清洗时不宜用水，以防电器受潮漏电。

b. 保持烤炉内的干燥，不要将潮湿的用具直接放入烤炉内。

c. 如长期停用烤炉，应将烤炉的内外擦洗干净，用塑料罩罩好并存放在干燥通风处。

2. 燃气灶

（1）燃气灶的种类。

燃气灶是明火加热用的设备，一般分为大型厨房灶具（图1-11）和小型家用灶具两大类。气源有管道煤气、管道天然气和液化石油气等。明火加热成熟是西点制作中常用的工艺。

图1-11 大型厨房灶具

（2）燃气灶的使用与保养。

①燃气灶的使用注意事项包含以下几个方面。

a. 在使用前，一定要首先确认燃气灶开关处于关闭状态，然后打开气源总阀门。

b. 燃气设备的使用应掌握"先点火，后开气"的原则，防止发生意外。

c. 燃气灶使用完毕要关闭气源总阀门。

②燃气灶的保养包含以下几点。

a. 保持灶具的清洁卫生，保持火眼的畅通。

b. 进气软管长期使用会老化或破损，存在安全隐患。因此，进气软管有老化现象时应及时更换。

c. 观察燃气灶各零件是否存在老化、锈死等情况，如存在这些情况，应及时解决，以杜绝事故隐患。

3. 油炸炉

（1）油炸炉的特点。

油炸炉（图 1－12）是使油炸制品成熟的设备。油炸炉一般用电热管作为加热装置，装置温控仪后，可以自动控制设定的油温。油炸炉锅内也能盛放水，具有使用方便、清洁卫生、便于操作等优点，是西点制作中常用设备之一。

图 1－12　油炸炉

（2）油炸炉的使用与保养。

①油炸炉的使用应注意以下两点。

a. 油炸炉使用时，在通电后将温控仪调至所需的温度刻度，发热管开始工作。

b. 到达设置温度后（一般有指示灯提示），可以放置油炸制品，如设备配置定时器，可设定油炸时间。

②油炸炉的保养应注意以下两个方面。

a. 油炸炉使用完毕后应及时清洗，一般可用清洁剂喷在油炸炉表面后用软刷刷洗，再用清水冲洗干净。

b. 油炸锅的过滤网清洗时应将过滤网取出，放入温水中，用刷子刷洗干净。

4. 微波炉

（1）微波炉的特点。

图 1－13　微波炉

微波炉（图 1－13）是利用微波对物料加热，是对物料的里外同时进行加热。微波炉在西点制作中常用于加热、融化原料之用。例如，为制作糖塑的糖块加热，使巧克力、奶油的融化等。微波炉具有使用方便、加热迅速、清洁卫生等特点。

（2）微波炉的使用与保养。

①微波炉的使用注意事项。

a. 在使用微波炉之前，应检查所用器皿是否适用于微波炉。

b. 加工少量制品时，要多加观察，防止过热起火。

c. 从微波炉内拿出制品和器皿时，应当使用隔热手套，以免高温烫手。

d. 如果微波炉发生损坏不能继续使用，必须由专业维修人员检修。

②微波炉保养的主要内容是清洁工作。清洁时应注意以下几点。

a. 在清洁之前，应将电源插头从电源插座上拔掉。

b. 日常使用后，马上用湿擦布将炉门上、炉膛内和玻璃盘上的污物擦掉。

c. 微波炉用久后，炉膛内会有异味，可用柠檬或食醋加水在炉内加热煮沸，异味即可消除。

（三）恒温设备

恒温设备是制作西点、面包不可缺少的设备，主要用于食品原料、半成品以及成品的冷藏、冷冻和发酵。常用的恒温设备有电冰箱和发酵箱。

1. 电冰箱

（1）电冰箱的种类。电冰箱是现代西点制作的常用设备，如图 1 - 14 所示。电冰箱按构造不同可分为直冷式冰箱和风冷式冰箱；按功能不同可分为冷藏冰箱和冷冻冰箱；按形状不同可分为电冰箱和电冰柜。

①直冷式冰箱和风冷式冰箱。直冷式冰箱是利用冰箱内空气自然对流的方式来冷却食品。现在市场上大多数冰箱都是直冷式冰箱，这种冰箱相对来说比较节能、高效。风冷式冰箱是利用空气进行制冷，空气温度高、蒸发器温度低，两者直接发生热交换，空气的温度就会降低，同时冷气被吹入冰箱。风冷式冰箱就是通过这种不断循环的方式来降低温度。风冷式冰箱一般不会结霜。

②冷藏冰箱和冷冻冰箱。冷藏食品是把食物储存在低温设备里，以免食物变质、腐烂的一种保鲜手段。冷冻是降低温度使物体凝固、冻结。冷冻能抑制微生物的繁殖，防止有机体腐败，便于储藏和搬运。一般冰箱的冷藏区温度设置为 0 ℃ ~ 5 ℃，冷冻区温度设置为 - 10 ℃以下。

③电冰箱和电冰柜。在西点行业，电冰箱起着不同的作用。一般展示冷柜以产品展示为主，立式冷箱以原料和产品储存为主。在实际工作中，电冰箱还往往被设计成既具有冷藏或冷冻功能，又具有案台功能的工作台冷柜。

（2）电冰箱的使用与保养。

①电冰箱的使用注意事项。

a. 电冰箱应放置在空气流通、远离热源且不受阳光直射的地方，箱体四周应留有 10~15 cm 以上的空隙，便于通风降温。

b. 电冰箱内必须按规定整齐放置储藏的食品，存放的食品不宜过多且要定期清理，食品之间要留有空隙，以保持冷气畅通。

图 1-14　电冰箱

c. 电冰箱内存放食品应生熟分开，食品不能在热的情况下放入电冰箱。

d. 使用电冰箱时应尽量减少开闭电冰箱门的次数，以减少冷气的流失。

②电冰箱的保养注意事项。

a. 要定期清除电冰箱内的积霜，除霜时应切断电源，取出电冰箱内存放的食物，使积霜自动融化。

b. 电冰箱运行过程中不要经常切断电源，否则会使压缩机超负载运行，缩短电冰箱的使用寿命。

c. 长期停用电冰箱时，应将电冰箱内外擦洗干净，风干后将箱门微开，用塑料罩罩好，放在通风干燥处。

2. 发酵箱

（1）发酵箱的工作原理与种类。如图 1-15 所示，发酵箱的工作原理是靠电热将水槽内的水加热蒸发，使发酵面团等在一定的温度和湿度下充分地发酵、膨胀。发酵箱在使用时水槽内不可无水干烧，否则设备会遭到严重的损坏。面包面团发酵时，一般先将发酵箱调节到理想的温度、湿度后，再进行面团发酵。

发酵箱按能否自动补水分为自动发酵箱和半自动发酵箱

图 1-15　发酵箱

两类；按大小分为发酵箱与发酵房等多种规格。为满足现代面包工业需要，现在还有具有延时醒发功能的冷藏发酵箱。一般发酵箱温度可控制为 2 ℃~40 ℃。

（2）发酵箱的使用与保养。

①发酵箱的使用注意事项。

a. 半自动发酵箱使用前要给发酵箱底盘水槽内加水。

b. 开启电源开关，将温度、湿度调至所需值，预热。

c. 使用完毕要及时关闭电源。

d. 醒发箱的湿度一般控制为78%左右。醒发湿度过高，烘烤后成品表面会出现气泡，易塌陷。

②发酵箱的保养注意事项。

a. 应定期对发酵箱进行清洁，保持卫生。清洗时要使用中性的清洁剂，严禁使用带腐蚀性的酸、碱以及带毒性的清洁剂进行清洗。

b. 发酵箱停止使用时应切断电源。长时间停用或进行维修保养时，应首先切断电源并拔下电源插头，需要维修时必须请专业的维修人员进行维修。

二、操作间常用工具的使用与保养

西式面点的制作，离不开各式各样的工器具，完备的工器具是完成各种精美西点制作的重要条件之一。常用的西点工器具有案台、模具、刀具以及其他工具。

1. 案台

（1）案台的种类。案台又称案板，是制作点心、面包的工作台。常见的案台按材质不同，分为木质案台、大理石案台、不锈钢案台以及塑料案台。

①木质案台。木质案台以枣木为最好，柳木其次。木质案台适宜制作酥类面制品。

②大理石案台。大理石案台的台面一般是用 4 cm 左右厚的大理石材料制成的。由于大理石台面较重，因此其底架要求特别结实、稳固、承重能力强。

大理石具有平整、光滑、散热性好、抗腐蚀性强的优点。大理石案台刚性好、硬度高、耐磨性强、温度变形小。现在较好的大理石案台是在大理石下面铺设加热管，加热管能控制台面温度，这样的案台是做糖艺、巧克力等制品的理想设备。

③塑料案台。塑料案台质地柔软，抗腐蚀性强，不易损坏，加工制作各种制品都较适宜。

④不锈钢案台。不锈钢案台一般整体都是由不锈钢材料制成，表面不锈钢板材的厚度一般为 0.8～1.2 mm。案台要求平整、光滑、没有凹凸。不锈钢案台具有美观大方、清洁卫生、传热性能好的特点，目前使用较多。

（2）案台的使用与保养。

①案台使用注意事项。不锈钢案台在使用时，要避免用尖锐物或重器敲击案面而造成不锈钢表面出现凹凸现象。由于大理石很脆弱，所以不能用重力及重器敲击大理石案台。

②案台的保养。木质案台容易滋生细菌，因此必须保持木质案台的干燥，防止细菌繁殖，造成食品污染。案台使用后，一定要彻底清洗干净。一般情况下，要先将案台上的粉料等清扫干净，用水刷洗后，再用湿布将案面擦净。

2. 模具

（1）模具的种类。西式面点所用的模具种类繁多，一般分为烘烤模具、甜点模具、巧克力模具以及刻制模具。

①烘烤模具。常用的烘烤模具主要有烤盘、蛋糕模、面包模以及点心模等。

a. 烤盘。大型烤箱使用的烤盘一般为长方形，标准规格为 40 cm×60 cm。烤盘按材质分为铝合金烤盘、铁质烤盘、镀铝不粘涂层烤盘等；按用途分为通用烤盘与专用烤盘。常用的专用烤盘有法棍烤盘、汉堡烤盘、多连式烤盘等。

b. 蛋糕模。常用的蛋糕模是用于各种蛋糕坯制作的模具。蛋糕模按蛋糕大小分为大型圆形蛋糕模、大型异形蛋糕模以及小型蛋糕模等；按功能分为活动蛋糕模与固定蛋糕模等。

c. 点心模。西式面点制作中，混酥类、清酥类等制品造型各异，制作时采用各种不同造型的模具，常见的有派盘、比萨盘、塔模以及排模等。

d. 面包模。常见的面包模具有吐司模、花色面包模等。

②甜点模具。各种甜品造型美观、制作精巧，采用的模具各式各样。常见的甜点用模具有慕斯圈、舒芙蕾模等。

③巧克力模具。巧克力模具是西式面点制作中品种最多、形状最多的模具，从制作小型的巧克力糖果到主题造型制作都需要各种模具，有时还需要自己设计制作模型，用于制作各种巧克力制品。

巧克力模具一般由塑料、硅胶、橡胶以及金属等材料制作，有阳极与阴极等不同类型。

④刻制模具。刻制模具在西式面点制作中主要用于成型与装饰。刻制模具一般用不锈钢或硬塑料制成，形状各异，在面包（甜甜圈、菠萝面包）、混酥饼干、杏仁糖团装饰品、软巧克力装饰品以及白帽糖装饰品等制作中经常使用。

（2）模具的使用与保养。

①模具的使用注意事项。

a. 金属模具使用后，要及时清洁并擦干净，以免生锈。

b. 对制作直接入口甜点的模具要清洁卫生，保证食品的安全。模具在洗净后应浸泡在消毒溶液中消毒。

c. 清洁金属模具时，不要用坚硬的工具擦洗，防止不粘涂层脱落或造成模具表面发毛。

②模具的保养注意事项。

a. 模具保管时应分门别类存放。

b. 所有成型模具应存放在固定处，配备专用工具箱保存，存放的地方应卫生、通风。

3. 刀具

（1）刀具的种类。

西式面点制作中用于制品定型的刀具种类很多，常见的有抹刀、锯刀、滚刀、分刀等。

①抹刀是用不锈钢片制成的无锋刃、圆头的刀具，主要用于涂抹奶油、果酱等软性原料，是装饰蛋糕抹面的主要工具之一。

②锯刀是用不锈钢片制成的，一端有锋利锯齿刀锋的刀具。锯刀是分割酥软制品的重要工具，它能尽量保证被分割制品形态的完整性。

③滚刀是一种带圆轮的刀具，一般有花纹圆轮与光滑圆轮两种，主要用于切割面坯，带花纹滚刀具有美化成品外形的作用。常用的滚刀主要有比萨轮刀、三角轮刀、多用途轮刀等。

④分刀又称牛角刀，是具有锋利刀刃的刀具，主要用于硬质原料的分割，也可用于排类制品的分割。

（2）刀具的使用与保养。

①刀具的使用注意事项。

a. 刀具使用后应清洗干净，对黏附在刀具上的油脂等原料要用热水冲洗并擦干。

b. 刀具的存放应平稳，不受外力压挤，防止刀具变形。

c. 带锯齿锋刃的刀具不能用于切割硬质原料，防止锯齿变钝，影响切割效果。

②刀具的保养注意事项。

a. 刀具保管时应分门别类存放。

b. 所有刀具应存放在固定处，配备专用工具箱保存，存放的地方应卫生、通风。

4. 裱制工具

（1）裱制工具的种类。常用的裱制工具包括挤花袋与裱花嘴。

①挤花袋是用来装置软质材料并裱挤成型的具有特定形状的袋子，制作材料一般为塑胶、布、塑料。裱制较稠、较硬的材料适宜选用布袋，裱制奶油之类较稀薄原料多选用塑胶袋。现在常用的塑料裱花袋以一次性使用为主，宜裱制稀薄原料。

②裱花嘴一般为金属制成的圆锥形结构，将小圆头制成齿状、圆弧状、扁平状等各种大小不一的造型，用来裱制各种不同线条、花纹、图案。裱花嘴是制作装饰蛋糕等不可缺少的工具之一。

裱花嘴一般配合裱花袋使用，将裱花袋按裱花嘴的大小剪去一角，装入裱花嘴，再在裱花袋内装入糊状原料，裱制成型。为方便更换裱花嘴，还可以用与裱花嘴配套使用的花嘴换模器，实现一袋多用。

（2）裱制工具的使用。裱花袋与裱花嘴的使用方法如下：

①裱花袋在第一次使用时，先将裱花袋的尖底部剪开一个小口，口的大小应使裱花嘴的尾部留在袋内而头部露出。

②装入裱花嘴。

③用橡胶搅板将裱制材料填入袋内。

④用裱花袋内壁揩清橡胶搅板上的残存原料。

⑤捏紧裱花袋口并挤掉奶油中的空气。

⑥将袋口绕圈般绕在右手食指上即可开始做造型。

5. 其他工具

西式面点制作中，除了模具、刀具外，还使用其他各种工器具。常用的其他工器具有衡器、擀制工具、刮板、打蛋器、刻模、搅板、粉筛、蛋糕转台、打蛋盆等。所有工具应存放于固定处，并用专用工具箱或工具盒保存。各种工器具有不同的性能，使用方法也不同。

（1）衡器。衡器是西式面点制作中配制原料的重要工具，常用的衡器有电子秤、台秤、量杯等。电子秤是现代使用最方便的衡器，一般有液晶显示、去皮称重、称重范围广等功能，具有快速、准确、连续、自动的特点。常见的衡器有大型电子秤与小型电子秤。

电子秤开机时应先检查显示数值是否归位到"0"，累积称重时，要按"去皮"称重按键。注意配料表中的计量单位与法定计量单位的换算。进行称量时，货物应轻拿轻放，尽量将货物放置在秤台中间位置，超重的货物不允许上秤。衡器停用时，应先关闭电源，再拔下电源插头。

（2）擀制工具。各种擀制工具多用木质、塑料材料制成，其特点是圆而光滑，常见的有通心槌、长面棍、短面棍等。有些面棍还雕刻有花纹，在擀制如杏仁面团等制品时能增强艺术感。擀制工具在使用中不能靠近热源，以免工具变形损坏。使用后，应将擀制工具用抹布擦拭干净，不要用刀具刮其表面。擀制工具不要浸泡在水中，防止木质材料变形或霉变。

（3）刮板。刮板又称刮刀、刮片，主要用于调制面团、清理案板以及切割面包面团，一般用不锈钢片、硬质塑料和软质塑料材料制成。不管是硬质塑料刮板还是软质塑料刮板，在使用中都不宜切割硬质原料，硬质原料会造成刮板切口翻卷，影响使用效果。

（4）打蛋器。打蛋器又称蛋甩，用钢丝条捆扎在一起制成，是手工搅打蛋液、奶油等原料的工具。打蛋器的功能与多用途搅拌机的球形搅拌器类似。打蛋器适宜搅打蛋液、鲜奶油之类的软质原料，不宜搅打较硬质的原料，搅打较硬质的原料容易造成钢丝的断裂。

（5）搅板。搅板又称榴板，用木质或橡胶制成，用于搅拌各种原料。木质搅板使用时，不要太用力去铲不粘锅锅底，防止损坏不粘锅具。使用橡胶搅板铲奶油时，一定要在搅拌机停机的状态下进行，不要边搅打边铲，以免发生事故。

（6）刻模。各种刻制模具要保持切口的平整，防止切面不整而影响切割效果。使用完毕后，要将刻模清洗干净。

（7）其他工具的保养。各种工具的保养以清洁、卫生为标准，注意不要接触强酸、强碱物质，防止工器具变形、损坏。食品工器具应在专门工具箱内保存，做到分门别类、排列整齐、干燥清洁、拿取方便。

三、操作间设备、工具、物品的合理摆放

西式面点的制作，需要具备与产品制作过程相适宜的场地、设备。在进行设备的布局时，应注意以下几点：

（1）满足操作工艺流程的需要，尤其是流水线设备，更要着重考虑布局的合理性，不要错位布局而造成操作程序来回重复，浪费劳动力与时间。

（2）大型设备尽量靠墙安装。为了保养、维修操作方便，设备相互间应留有一定距离。设备周围应留有一定空间，便于操作与清洗。

（3）从安全生产方面考虑，电气设备应接地线，电线不能从燃气灶、烤箱上方通过。

（4）烤箱等大型设备应安装在通风、干燥、防火、便于操作的地方。燃气灶等设备不能安装在封闭的房间内，应保持空气流通。电冰箱等恒温设备应避光放置，防止阳光直射而影响制冷效果。

从操作流程、操作场地、保养维修、安全生产等方面考虑对购置的设备做出合理的布局，充分发挥设备的使用效能及提供必要的维修、保养条件。尤其要从实际生产的操作流程及安全等方面安排设备的布局，对提高工作效率、保证安全生产更有实际意义。

实训任务二　操作间卫生维护

在食品的制作中保证操作间卫生是至关重要的大事，对产品的品质有极大的影响。尤其西式面点师更应该认识到操作间卫生的重要性，因为加工中用到的绝大多数原辅料，例如，鸡蛋、奶油、牛奶等，都是微生物生长繁殖的极好养料，有些产品又是熟加工，食用时不再进行烘烤加热，稍有疏忽都可能沾染污物变质或自身腐败变质，引起食物中毒。因此要加强操作间的卫生维护与管理，明确操作间的卫生要求，掌握操作间卫生维护方法。

一、操作间卫生要求

1. 环境卫生要求

操作间应选择有给、排水条件以及电力供应的地区，不应选择对食品有显著污染的区域，远离粪坑、污水池、暴露垃圾场（站）、旱厕等污染源，应考虑环境给食品生产带来的潜在污染风险，并采取适当措施将其降至最低水平。

设置在超市、商店、市场内的操作间，应距离畜禽产品、水产品销售或加工场所10 m以上，难以避开时应设计必要的防范措施。

操作间设置应按生产工艺流程需要与卫生要求，有序、合理布局，各功能域划分明显并有适当的分离或隔离措施，避免原材料与半成品、成品之间交叉污染。

操作间冷加工与热加工的操作区应分开，应防止产品在制作、存放、销售过程中的交叉污染，避免产品接触有毒物与不洁物。

操作间顶棚应使用无毒、无味、与生产需求相适应、易于观察清洁状况的材料建造。若直接在屋顶内层喷涂涂料作为顶棚，应使用无毒、无味、防霉、不易脱落、易于清洁的涂料。顶棚应易于清洁、消毒，在结构上不利于冷凝水垂直滴下，防止虫害与霉菌滋生。

操作间的蒸汽、水、电等配件管路应避免设置于暴露食品的上方；如确需设置，应有能防止灰尘散落及水滴掉落的装置或措施。

操作间地面应采用耐磨、不渗水、易清洁的材料，地面平整无裂缝；地面的结构应有利于排污与清洗的需要。

操作间墙壁、隔断应用无毒、无异味、不透水、平滑、不易积垢、易于清洁的材料铺设到顶；若使用涂料，应无毒、无味、防霉、不易脱落、易于清洁；墙壁、隔断以及地面交界处应结构合理、易于清洁，能有效避免污垢积存，如设置漫弯形交界面等。

操作间的门窗应闭合严密，能及时关闭；门窗采用表面平滑、防吸附、不渗透、易于清洁消毒的材料；窗户玻璃应使用不易碎材料；窗户如设置窗台，其结构应能避免灰尘积存且易于清洁；可开启的窗户应装有易于清洁的防虫害窗纱。

2. 个人卫生要求

食品加工人员每年应进行健康检查，取得健康证明；上岗前应接受卫生培训；食品加工人员如患有痢疾、伤寒、甲型病毒性肝炎、戊型病毒性肝炎等消化道传染病，以及患有活动性肺结核、化脓性或者渗出性皮肤病等有碍食品安全的疾病，或有明显皮肤损伤未愈合的，应当调整到其他不影响食品安全的工作岗位。

食品加工人员应遵守各项卫生制度，养成良好的卫生习惯。操作前应洗手消毒，衣帽整齐；清洁区的操作人员应戴口罩；头发应藏于工作帽内或使用发网约束；不得在操作间内吸烟、随地吐痰、乱扔废弃物；不应戴饰物、手表，不应化妆、染指甲、喷洒香水；不得携带或存放与食品生产无关的个人用品。

食品加工人员使用卫生间、接触可能污染食品的物品后，再次从事接触食品、食品工具、容器、食品设备、包装材料等与食品经营相关的活动前，应洗手消毒。

食品加工人员接触直接入口或不需清洗即可加工的散装食品时，应戴上手套与帽子，冷加工产品操作人员还应戴上口罩。

3. 设施、设备卫生要求

供水设施应能保证水质、压量以及其他要求符合生产需要；食品加工用水的水质应符合相应规定；食品加工用水与其他不与食品接触的用水（如间接冷却水、污水以及废水等）应以完全分离的管路输送，避免交叉污染，各管路系统应明确标识以便区分。

排水设施的设计与建造应保证畅通、便于清洁维护；确保食品生产的需要，保证食品、生产、清洁用水不受污染；排水系统入口应安装带水封的地漏等装置，以防止固体废弃物进入及浊气逸出；排水系统出口应有适当措施以降低虫害风险；室内排水的流向应由清洁程度要求高的区域流向清洁程度要求低的区域，且应有防止逆流的设计；污水在排放前应经适当方式处理，以符合国家污水排放的相关规定。

应配备足够的食品、工器具以及设备的专用清洁设施，必要时应配备适宜的消毒设施；采取措施，避免清洁、消毒工器具带来的交叉污染。

应配备设计合理、防止渗漏、易于清洁的存放废弃物的专用设施；操作间内存放废弃物的设施与容器应标识清晰；必要时应在适当地点设置废弃物临时存放设施，并依废弃物特性分类存放。

操作间根据加工制作的需要，在适当位置配备相适宜的洗手、消毒、照明、通风、排水、温控等设施，并具备防尘、防蝇、防虫、防鼠以及存放垃圾与废弃物等保证生产经营场所卫生条件的设施。

操作间洗手设施的水龙头数量应与同班次操作人员数量相匹配，必要时应设置冷热水混合器；洗手池应采用光滑、不透水、易清洁的材质制成，其设计与构造应易于清洁消毒；应在临近洗手设施的显著位置标示简明易懂的洗手方法。

操作间冷加工食品的制作区域，采用封闭式独立隔间；内设手部清洗、消毒用流动水池与消毒用品；不应设置明沟，墙面、隔断应使用无毒、无味的防渗透、易于清洁的材料建造；需有空调设施、温度显示装置、空气消毒设施（如紫外线灯）、流动水源、工器具清洗消毒设施以及冷藏设施等。

操作间中接触食品的各种设备、工具、容器等应由无毒、无异味、耐腐蚀、不易发霉且可重复清洗与消毒、符合食品安全的材料制造。接触生制食品与熟制食品的设备、工具、容器，应能明显区分。

操作间应根据产品需要，配备专用的冷藏或冷冻设备（冰箱、冰柜等），冷藏、冷冻设备应有温度显示装置。

4. 原辅料卫生要求

食品原辅料必须经过验收合格后方可使用。经验收不合格的原辅料应在指定区域与合格品分开放置并明显标记，并应及时进行退、换货等处理。

加工前宜进行感官检验，必要时应进行实验室检验；检验发现涉及食品安全项目指标异常的，不得使用，只使用确定安全的食品原辅料。

盛装食品原料、食品添加剂、直接接触食品的包装材料的包装或容器，其材质应稳定、无毒、无害，不易受污染，符合卫生要求；食品原料、添加剂以及包装材料等进入生产区域时，应有一定的缓冲区域或外包装清洁措施，以降低污染风险。

二、操作间卫生维护方法

为了加强操作间的卫生维护，应制定相应的操作间卫生管理制度，应根据食品的特点以及经营过程的卫生要求，建立保证食品安全的卫生监控制度，确保有效实施并定期检查，记录并存档监控结果，定期对执行情况与效果进行检查，发现问题及时纠正。

1. 卫生管理的要求

要在国家卫生监督部门的监督下，严格遵守《中华人民共和国食品安全法》的规定，搞好食品卫生。

在原料的选择、验收中，严格要求原料必须无毒、无害，符合应有的营养要求，具有相应的色、香、味等感官性状。在制作、经营销售等过程中，各项操作必须符合相应的卫生要求。在环境、个人以及器具与设备等各方面，都要有相应的规章制度指导、约束每位员工的工作行为，真正使每一位员工都能自觉地执行这些制度，养成良好的卫生习惯。

原材料的卫生质量基本决定了产品的卫生质量，因此必须严加管理，制定与完善原料验收制度、验收管理制度以及定期检查制度。原料的储存要根据温度、湿度、隔墙离地、干燥通风等各种不同原料的相应保存要求，控制温度、湿度等条件，妥善安置。原料应分类存放，分别标明进货日期，先进先出，并做好入库的验收管理工作。原料使用前，生产者应对其卫生情况认真检查，不合格原料，绝不能用；感官判断有疑问的原料，要送卫生防疫部门鉴定，鉴定合格后再用。

2. 建立与健全卫生规章制度

为确保食品的安全卫生，操作间必须建立与完善卫生规章制度。一般常见的卫生规章制度包括：严格的仓库管理制度；食品原料与成品质量的检验、验收制度，变质原料不买、不收、不用；完善销售的卫生制度，不收、不卖过期或变质的食品；卫生工作分块定人、定点的任务分配制度；餐具、制作工具、用具的消毒制度；员工定期健康检查制度与卫生知识培训制度。

3. 卫生管理的内容

操作间的卫生管理主要是对食品生产流程中各环节的卫生工作进行全面的管理。主要包括生产环境、设备、工具用具、原材料、制作过程以及生产人员的卫生管理等内容。

（1）环境、设备、工具用具的卫生管理。

①制作环境必须符合卫生要求。例如，必须远离公共厕所、垃圾箱，周围不得有粉尘、有害气体、放射性物质以及扩散性的污染源等。

②制作场地的建筑设备必须符合食品卫生要求。例如，内墙瓷砖、涂料以及其他建筑材料等都应无毒、无害、无脱落现象，灯泡须有防爆、防破碎的装置，须有防"四害"的设施。

③机械设备与工具用具的材料必须对人体无害而耐腐蚀。例如，含铅等材料的机械设备、工器具都对人体有害，购置时须严格把关；设备布局时要预留一定的空间，以便清理；经常保持设备、工具的清洁卫生，工作完毕即应清理、清洗，分类存放。

（2）食品加工人员的卫生管理。

①食品加工人员上岗前进行体格检查。传染病或皮肤疾病患者不得上岗。

②食品加工人员必须通过每年一次的健康检查。

③对食品加工人员个人清洁卫生的要求，有严格的管理制度以及执行措施。

④定期对食品加工人员进行卫生规章制度的培训，加强食品卫生教育，提高人员的卫生意识，保证规章制度的执行。

（3）制作过程的卫生管理。

①加工制作前的卫生管理。加工前要对原料的卫生质量进行验收，尤其是鸡蛋、奶油、鲜奶等易变质的原料。控制与管理好加工前原料的先期卫生质量，是确保产品卫生质量的基本要求。

②配料与熟制后的卫生管理。原料的初加工，既要考虑原料的净料率，又要保证其卫生质量。抓好原料、配料加工工序的卫生管理，有助于在源头上控制及保证原料的卫生质量。

③熟制后加工的品种，由于加工后不再加热，更要严格做好卫生的管理，避免沾染污物后病菌入侵而导致食物中毒。做好专门的卫生消毒工作是保证熟加工品种卫生质量的积极措施之一，是确保产品质量极为重要的一项管理工作。

（4）原料的卫生管理。

①面粉。建立原料验收的台账管理制度，拒收质量差、变质、过期的面粉，从源头上控制面粉的质量问题。

做好储存中的卫生检查管理工作。面粉在储存过程中会不断地进行新陈代谢，影响面粉的质量，这种面粉质量的变化主要表现为面粉颜色无新鲜感、失去面粉固有的香味。因此，必须做好面粉进出的台账记录，做到先进先出。面粉的保管温度与湿度如果比较高，不仅营养物质容易分解，而且又为微生物的生长创造了有利的条件，使面粉发生霉变。因此严格控制面粉储存的温度与湿度，保持储存场所干燥、通风，是保证面粉质量的一项重要的卫生管理工作。面粉的堆放必须隔墙离地，还要有防虫的设施，这样可以避免虫害、异物的污染。

制作前，面粉必须过筛，去除异物、污物或虫卵。生产结束后，剩余的面粉须经过筛另行使用，不能与新鲜的面粉混用。

②油脂。食用油脂的主要卫生问题是油脂的酸败。脂肪组织中的残留物或微生物容易引起的解脂酶活化、温度与水等作用的水解过程，不饱和脂肪酸自身氧化的化学变化，紫外线以及氧的影响等都能引起油脂的酸败。

为防止油脂酸败需做到以下几点：对油脂的质量做好验收管理工作，拒收质量有疑问的油脂；加强油脂储存的卫生管理，避光、密封、低温储存，禁止使用铜、铁等金属盛器盛放油脂，先进先出，不宜长时期贮存；加强使用时的管理，使用油脂时首先要检验油脂的质量，防止有霉菌污染的情况；加热时注意避免反复高温加热后引起油脂化学变质的现象，控制油脂加热的温度与时间。

③鸡蛋。引起鲜蛋腐败变质的主要原因是沙门氏菌污染与微生物侵蚀。为了防止沙门氏菌引起的食物中毒，必须做好鸡蛋的验收工作。应购入新鲜的鸡蛋，拒收质量差、表面脏的鸡蛋。鸭蛋容易感染导致食物中毒的致病菌，因此，在西点制作中一般不使用。鸡蛋在运输过程及储存中都要避免污染与外壳破损，避免沾染细菌。鲜蛋的储存温度应控制为 1 ℃~5 ℃，相对湿度为 90% 左右，储存时间不宜过长。制作中应掌握鸡蛋的新鲜度，特别是在炎热的季节，更要多加注意。制作对新鲜度要求较高的产品时，更要严格掌握确保鸡蛋质量的管理工作。

④乳制品。西式面点制作中经常使用牛奶、酸奶、鲜奶油、乳酪等乳制品，它们含有丰富的蛋白质、脂肪、维生素以及矿物质等，营养价值极高。除奶粉是以鲜奶为原料浓缩后干燥制成，其他的乳制品含水量较高，易繁殖细菌而变质，因此乳制品的卫生管理工作极其重要。应严格验收检验，入仓前除了检验其品质外，还要仔细检查其生产日期、保质期、产地、厂家等，并做好记录，先进先出，保证新鲜。由于奶粉易吸湿、吸收异味，需在密封、通风避热、无异味的存放条件下储存。牛奶、酸奶、鲜奶、奶酪应有严格的低温冷藏保管制度，温度要控制为 3 ℃~5 ℃。外有蜡质包装的奶酪，去蜡后应及时使用。

（5）辅料的卫生管理。

①水果。水果在西式面点中的使用范围较广，而水果含有大量的水溶性物质与酶，在储运与加工过程中，容易腐败变质，还常常易受到微生物的污染，食用后会对人体产生危害。为防止水果的腐烂变质，管理者要严格掌握冷藏的温度与湿度，以温度为 0 ℃~5 ℃，相对湿度为 85% 左右为宜，储存时间不宜过长。制作时更要注意操作卫生，依次进行洗净、消毒、削皮等工序，严格执行生、熟分开的卫生制度。

②罐装食品。除了新鲜水果，罐装食品也是西式面点常用的辅料，是保质期较长的食品，可以不经加温即直接使用。罐装食品的卫生管理同样是一项重要的工作。罐装食品受污染后，一般会出现胖听、酸败、变味等感官现象。一般来说，物理性因素导致胖

听或瘪听的罐装食品都可以食用，而生物性或化学性因素造成胖听的则不能食用。开罐后发现酸败或变味的罐装食品绝对不能食用。罐装食品的储存，应放在通风、阴凉、干燥的地方，储存时间一般规定为：金属装罐可储存一年，玻璃装罐为半年。要严格确保罐装食品在保质期内食用，健全定期检查的制度。

③食品添加剂。添加食品添加剂必须要严格掌握以下原则：使用的食品添加剂必须是国务院卫生行政部门批准使用的；必须严格控制在国家规定的允许使用量内；必须掌握准确的使用方法；使用粉剂的香料与食用色素，必须稀释。直接加入食品中的防腐剂等食品添加剂如果超标，对人体的健康是有害的。滥用食品添加剂也涉及操作者的职业道德，给食品安全带来严重威胁。食品用化学品必须以法律形式严加管理，加强添加剂使用知识的宣讲与教育也非常重要。

许多人错误地认为天然物质无毒，而合成的添加剂一定具有危害性。其实科学地说，合成的化合物不一定都有毒，天然物质也不会全无毒，关键在于掌握好科学的使用量，正确认识其安全性。西式面点师必须认真掌握国家法规规定批准使用食品添加剂的品种、范围、用量、使用方法等，防范隐患，保证安全。

（6）成品的卫生管理。进库成品首先要进行验收，按照成品对储存温度与湿度的要求，分类存放。做好入库记录，定期检查。过期或变质的产品不能出库。

模块二

-------------------------------- **酥类糕点制作**

学习目标

　　明确制作清酥面团的配方，制作面团的主要原料种类与性能，能按酥类糕点面团配方进行配料；掌握清酥面坯调制的一般流程及注意事项，能按程序调制面团；掌握油脂整形的一般工艺过程，能对起酥油进行整形。明确清酥面坯的起酥原理，掌握清酥面坯包油的工艺过程及注意事项，能用面坯包裹起酥油；掌握清酥面坯擀制、折叠的工艺流程及注意事项，能按要求擀制、折叠酥皮；掌握制作清酥点心生坯的工艺流程及注意事项，能制作酥类糕点生坯；掌握清酥点心成熟的方法，能合理设置酥类糕点烘烤温度与时间，运用烤箱烘烤酥类糕点。

实训项目一　面团调制

技能要求

1. 能按酥类糕点面团配方进行配料。

2. 能按程序调制清酥面团。

3. 能对起酥油进行整形。

1. 制作清酥面团的配方，制作面坯的主要原料种类与性能。

2. 清酥面团调制的一般流程及注意事项。

3. 油脂整形的一般工艺过程。

实训任务一　清酥点心的配料

　　清酥面团是由两块不同性质的面团擀叠而成的，一块是面粉、水以及少量油脂调制而成的冷水面团；另一块是油脂或油脂中含有少量面粉结合而成的油面团。清酥类面坯的主要用料是高筋面粉、油脂、水、盐等，它们在面坯中发挥着各自的作用。

一、清酥面团的配方

　　清酥面团的配方，见表 2 - 1。

表 2 - 1　清酥面团的配方

配料名称	配比/%	配料名称	配比/%
高筋面粉	100	黄油	6
酥皮油	70	鸡蛋液	6
水	52	盐	1.5

二、清酥点心原料

1. 制作清酥面团的面粉

　　制作清酥面团的面粉宜采用高筋面粉。因为筋力较强的面团不仅能经受住擀制中的反复拉伸，而且其中的蛋白质具有较高的水合能力，吸水后的蛋白质所形成的面筋在烘烤时能产生足够的蒸汽，从而有利于分层。另外，呈扩展状态的面筋网络是清酥点心多层、薄层结构的基础。低筋面粉不易使面团产生筋力，烘烤后制品层次不清，起发不大。

2. 制作清酥面团的油脂

制作清酥面团的油脂有冷水面团中的油脂与油面团中的油脂。皮面中加入适量油脂可以改善面团的操作性能及增加成品的酥性。冷水面团油脂可用奶油、人造奶油、起酥油或其他固体动物油脂。油面团油脂宜采用不易融化的油脂，这样的油面团既有一定硬度，又有一定的可塑性，而且油脂在操作中才能反复擀制、折叠，又不至于融化，便于操作。易融化的油脂在折叠时容易软化，产生融油现象，影响成品起酥效果，一般不使用。

传统清酥类糕点使用的油面团油脂是奶油或人造奶油，而现在已经普遍采用专用的片状起酥油。奶油虽能得到高质量的成品，但其易融化，操作时不易掌握，特别是夏天，油脂融化容易产生"走油"现象。所以，制作清酥类制品宜采用专用的片状起酥油，它具有良好的加工性能，给清酥类点心的制作带来了极大的方便。

3. 制作清酥面团的水

冷水面团的弹性、可塑性、软硬度往往需要通过水分来调节，用水量为面粉量的50% ~55%，而且必须使用冷水。

4. 制作清酥面团的食盐

食盐可以增加产品的风味，通常面团中的食盐用量为面粉量的1.5%。如果所使用的油脂中含有食盐时，应根据具体情况酌情减少加入的食盐。

实训任务二　面团的调制

清酥面团的调制是一项难度大、工艺要求高、操作复杂的制作工艺。其具体方法有两种，一种是水面包油面；另一种是油面包水面。前者是普遍采用的一种方式；后者做起来较难，但完成后不需松弛，因为它不易收缩。

一、清酥面团调制准备

调制面团前需先做好准备工作：清洁操作台的台面、刮板、擀面棍，准备好保鲜膜、油纸；清洁面粉勺、盛器、衡器，检查衡器是否设置准确无误；准备面粉（需过筛）、油脂（常温软化）、蛋液、水、撒手粉（揉面时在操作台面上撒的面粉）等原料。

二、调制冷水面团

调制冷水面团的方法有手工调制与机器调制两种。

（1）手工调制。将配方中的面粉倒在案台上，加入黄油（切成小颗粒状）于面粉内并拌和均匀，然后再将鸡蛋液、水加入混合，揉成面团即可。面团的软硬度可用水来调节。

（2）机器调制。将面粉、黄油、蛋液、水一起倒入搅拌机内搅拌成面团即可。面团的软硬度可用水来调节。

三、调制油脂面团

油脂面团的调制是先将油脂软化后放在搅拌机中慢速搅拌，然后加入面粉搅拌成均匀的油脂面团。将油脂面团取出放在工作台上，用擀面棍将其擀制成所需的正方形或长方形，放入冰箱中冷藏。

如果使用专用的酥皮油，则操作十分方便。一般来讲，酥皮油呈片状，每片有 1 kg 与 2 kg 的规格，按照制品所需的数量用擀面棍擀薄即可。

四、面团调制的注意事项

（1）制作清酥面团的场所温度应尽可能保持在 20 ℃左右，操作温度较高时，擀制好的面团应放入冰箱冷藏，同时也要注意存放油脂的温度不能过高。

（2）要选用不易融化的油脂。在包油特别是在擀制、折叠过程中，易融化的油脂容易软化而"走油"，影响产品的酥松性。

（3）调制冷水面团时，要使用冷水，而且冷水用量要适当，控制好面团的软硬度。且宜采用有一定筋力的高筋粉，调制出的面团中含有较多的湿面筋，从而使面团具有较好的保气性能。

（4）松弛冷水面团时，要用保鲜膜覆盖，避免水分蒸发，表皮发硬，不利于操作，影响制品质量。要掌握好松弛时间。松弛时间不宜过短或过长。

（5）油面团中的面粉与油脂要充分混合均匀，不能有油脂疙瘩或者干面粉的现象出现。

实训任务三　起酥油整形

一、油脂整形的工艺过程

（1）摊开油纸，把酥皮油放在油纸上。

（2）用油纸包裹酥皮油，用擀面棍擀制或长方形（近似正方形）。

二、油脂整形的注意事项

（1）油脂整形时，应选用优质的食品油纸，既卫生又不易破碎。油脂与油纸之间可撒粉，以利于油脂的滑动。

（2）用擀面棍擀制油脂时用力要均匀，使其厚薄一致。

实训项目二　开酥与生坯制作

1. 能用面坯包裹起酥油。

2. 能按要求擀制、折叠酥皮。

3. 能制作酥类糕点生坯。

1. 清酥面坯的起酥原理。

2. 清酥面坯包油的工艺过程与注意事项。

3. 清酥面坯擀制、折叠的工艺流程与注意事项。

4. 清酥制品的成型方法。

5. 制作清酥点心生坯的工艺流程与注意事项。

实训任务一 包 油

清酥面坯的包油、擀制以及折叠是制作清酥类糕点的关键工序，也是制作清酥类糕点技术要求很高的工序，操作的成败直接会影响到成品的质量。

一、清酥面坯的起酥原理

清酥面坯的制作原理是冷水面团与油面团互为表里，制品具有层次清晰、入口香酥的特点。清酥面坯多层、膨胀的原因，主要有如下两个方面。

1. 湿面筋的特性

清酥面坯大多选用蛋白质含量较高的面粉，这种面粉中的蛋白质具有很强的吸水性、延伸性以及弹性。当蛋白质吸水、面粉和成面团以后，面筋网络像气球一样被充气，可以保存在烘烤中所产生的水蒸气，从而使面坯产生膨胀力。每一层面坯可随着水蒸气的胀力而膨大，直到面坯内水分完全被烤干或面坯完全熟化，失去活性为止。

由于清酥面坯中有产生层次能力的结构与原料，因此烤制后易形成层次。所谓结构是指清酥面坯在制作时，冷水面团与油脂面团互为表里，有规律地相互隔绝。当面坯入炉受热后，清酥面坯中的冷水面团因受热而产生蒸汽，这种水蒸气滚动形成的压力使各层开始膨胀，即下层面皮所产生的水蒸气压力胀起上层面皮，依次逐层胀大。随着面坯的熟化，油脂被吸到面皮中，面皮在油脂的环境中会膨胀、变形，逐层产生间隔。随着温度的升高与时间的延长，面坯水分逐渐减少，形成一层层"碳化"变脆的面坯结构。油面层受热渗入面坯中，面坯层由于面筋质的存在，仍然保持原有的片状层次结构。

冷水面团是由面粉、水及少量油脂（或不加油）调制而成的面团。由于所选用的面粉一般含有较多的蛋白质，在面团调制过程中便形成了较多的湿面筋。因此，面团便具有了较好的延伸性、可塑性以及弹性，同时面团还具有了保存空气与承受烘烤中水蒸气产生膨胀力的能力。清酥面坯加热后，每一层面皮随着空气的膨胀与面团内水蒸气产生的膨胀力而膨大，由于湿面筋的作用保持了面坯的完整，面坯不至于破裂而使产品体积膨大。

2. 油脂的作用

油脂面团与冷水面团互为表里，形成了一层面与一层油交替排列的多层结构。两层面之间的油脂像"绝缘体"一样将面层隔开，防止了面层之间的相互粘连，这也是烘烤时所产生的水蒸气与气体不可穿越的屏障。留在层间的气体受热膨胀，并使面筋网络伸展，形成了层状结构，然后油脂融化并浸润于层状结构之中而使产品酥脆。

二、清酥面坯包油的工艺过程

清酥面坯的包油有两种方法：一种是冷水面团包住油脂面团（简称"面包油"）的方法，是现在普遍使用的一种方法；另一种是油脂面团包住冷水面团（简称"油包面"）的方法。这两种方法的基本工艺一致，只不过油包面的方法是将油脂包在外面，操作要求相对要高些。包油的形式有两边对折法、中间对折法以及四角对折法等。

不同形式的包油工艺过程如下：

（1）操作准备。准备好相应长度的、清洁的擀面棍与刮板，清洁操作台面，在盛器内装好过筛的撒手粉。

（2）两边对折法包油。将撒手粉撒在操作台面上，将已松弛好的冷水面团放在撒有撒手粉的操作台面上。用擀面棍将冷水面团擀制成长方形面坯，大小为油脂面团的两倍。

将油脂面坯放在冷水面坯的中间，将两边的冷水面坯覆盖在油脂面坯的上面，两边折叠，用手将冷水面坯的接缝处封闭捏紧。

（3）中间对折法包油。

将撒手粉撒在操作台面上，将已松弛好的冷水面团放在撒有撒手粉的操作台面上，用擀面棍将冷水面团擀成长方形面坯，大小为油脂面坯的两倍。

在冷水面坯的1/2处放上油脂面坯，将另一半冷水面坯覆盖在油脂面坯的上面，用手将冷水面坯的接缝处封闭捏紧。

（4）四角对折法包油。将撒手粉撒在操作台面上，将已松弛好的冷水面坯放在撒有撒手粉的操作台面上。用擀面棍将冷水面团擀制成正方形面坯，大小为油脂面坯面积的两倍。

将油脂面坯（正方形）放在冷水面坯的中央，交错放置，分别把冷水面坯四角的面皮包盖在中间的油脂面坯上，用手将冷水面坯的接缝处封闭捏紧，并将接缝处轻轻地按压平整。

三、清酥面坯包油的注意事项

（1）冷水面坯必须掌握好松弛时间。松弛时间过短，制品会变形收缩；松弛时间过长，面筋松懈，会影响膨胀效果。

（2）油脂面坯和冷水面坯的软硬度要一致，这样可以避免因两个面团的软硬度不一致而出现油脂分布不均匀或有漏油的现象，避免破坏层次，降低成品质量。

（3）保持油脂面坯和冷水面坯的尺寸大小相对应。

实训任务二　擀制与折叠

一、清酥面团的擀制、折叠的工艺流程

清酥面坯擀制、折叠的工艺流程如下：

（1）包油好的清酥面坯用擀面棍均匀用力擀一遍，使面团和油脂分布均匀。

（2）两手均匀用力，把擀面棍从中间往两边方向擀制，把面坯转角90°，两手均匀用力，把擀面棍从中间往两边方向擀制（长度为30~40 cm），进行第一次三等分折叠。

（3）将第一次三等分折叠好的清酥面坯用擀面棍均匀用力擀一遍，两手均匀用力把擀面棍从中间往两边方向擀制（宽度为15~20 cm），把面坯转角90°，两手均匀用力，把擀面棍从中间往两边方向擀制（长度为30~40 cm），进行第二次三等分折叠。

（4）用油纸或保鲜膜将两次三等分折叠好的清酥面坯包裹好之后，静置、松弛10~15 min的时间（天热时可以放入冰箱冷藏）。

（5）完成松弛后的清酥面坯，继续第三次的面坯擀制、折叠，再重复上面的折叠工序。一共进行四次擀制、折叠。

（6）完成面坯的擀制、静置以及折叠后，用油纸包裹好面坯，静置、松弛10~15 min的时间（天热时可以放入冰箱冷藏），待用。

二、清酥面坯擀制、折叠的注意事项

（1）用擀面棍擀制清酥面坯时，两手用力要均匀，不要用力过猛，避免油脂外溢而影响制品膨胀的效果。面坯每擀制、折叠一次要转角90°，这样可以防止面团沿一个

方向收缩。

（2）在擀制、折叠操作过程中，面坯要经常保持低温，所以操作室的温度需调整为 20 ℃左右。在操作过程中可以擀制、折叠后冷藏静置，温度不能太低，否则会使清酥面坯变得很硬，破坏层状组织。

（3）折叠次数不宜过多，若折叠次数太多，面坯成熟后层次不清，酥而不松；若折叠次数过少，烘烤时油脂易外溢，影响质量。最后两次折叠采用三折还是四折，应根据制品的需求及操作者的擀制、折叠技术而定。

（4）除手工操作外，清酥面团也可以用酥皮机制作，既方便又能保证质量。使用酥皮机制作面坯时，注意机器刻度不可一次调制过大，否则会出现油脂分布不均匀或漏油现象。

实训任务三　生坯的制作

成型是将调制好的清酥面坯通过一定的工艺方法，加工成一定形状的过程。成型的目的不仅使产品具有美丽的外观、使花色品种丰富，而且可借助于不同样式与花色区分种类和口味。清酥类糕点的成型基本上是由其本身的品种和产品的形态所决定的，成型的好坏对产品品质影响很大。

一、清酥制品的成型方法

清酥制品的成型方法很多，常用的基本操作有擀、捏、卷、割、切、折叠等方法。

1. 擀

擀是借助于工具将面团展开使之变为片状的操作手法。具体操作是将坯料放在工作台上，将擀面棍置于坯料之上，用双手手掌摁住擀面棍向前滚动的同时，向下施力，将坯料擀成符合要求的厚度和形状。擀制时要用力适当，掌握好平衡。擀不好会造成露馅，使外观混乱，影响质量。

擀制面坯应干净利落，用力均匀；擀制要平，无断裂，表面光滑。

2. 捏

捏是通过用手指尖配合将制品原料粘在一起，做成各种栩栩如生的实物形态的动作。捏是一种有较高艺术性的手法，捏制手法往往需要配合其他操作手法来共同完成。

捏面坯时用力要均匀，面皮不能破损；制品封口均匀，封口处不粘馅料；制品要美观，形态要真实、完整。

3. 卷

卷是将擀成片的面坯卷成圆筒状的一种造型。一般用手以滚动的方式，由小而大地卷成。被卷的坯料不宜放置过久，否则会导致坯料变硬，导致卷制的产品松散、有裂痕；卷制时用力要均匀，双手配合要协调一致。

4. 割

割是在面坯的表面划口并不切断面坯的造型方法，目的是使制品烘烤后，表面因膨胀而呈现爆裂的效果。为了实际需要，有些制品坯料在未进行烘烤时，先割一个造型美观的花纹，烘烤后花纹掀起，形成丰富的造型和口味。

割裂制品的工具要锋利，以免破坏制品的外观；割的手法有深有浅，根据制品的工艺要求，确定割裂口的深度；割的动作要准确，用力均匀；制品要完整，美观。

5. 切

切是借助于工具将面坯分离成型的一种方法。切可分为直刀切、推拉切、斜刀切等，以直刀切、推拉切为主。不同性质的制品运用不同的切法，是提高制品质量的保证。

6. 折叠

折叠是将擀平或擀薄的面坯以重合的方式操作，使制品分层的一种整形方法。例如，在包油操作中，在冷水面坯中包上油脂面坯，在经过数次擀平再折叠后，面团与油脂相互重叠，由于油脂具有隔离作用，成熟的制品自然呈现出层次感。

每一步操作视其造型的需要，相互配合，一件造型别致产品的制作，需要多种操作方法得以实现。清酥类糕点成型的一般工艺过程是：先用擀面棍或用压面机将清酥面团擀薄、擀平，面坯的厚度应根据产品的种类不同而有所区别，一般为 0.2 ~ 0.5 cm；然后用刀具切割成制品所需要的尺寸；最后采用擀、捏、卷、折叠等方法制成一定的形状。

二、制作清酥点心生坯的工艺流程

（1）操作准备。准备所需要的模具、切割刀具、干净的烤盘、蛋刷、直尺（40 cm），准备好制作清酥制品的馅料、鸡蛋液、撒手粉等。

（2）卷起成型。清洁操作台面，并在操作台面上撒少许撒手粉。从冰箱里取出已经调制松弛好的清酥面坯放在操作台面上，在面坯上撒少许撒手粉。用擀面棍擀制面坯成长方形，尺寸为 20 cm×40 cm 左右。用刀具、直尺将面坯切割成 2.5 cm×40 cm 的长条，将长条面坯两边稍微擀薄一些，并刷上鸡蛋液，包住螺管的小头，并沿螺管的外壁向大头方向卷起，制作成角内。如果清酥制品内的馅料是火腿肠（去皮），则同样将面坯从火腿肠的一端向另一端卷起，制作成热狗酥卷的生坯。在成型好的制品生坯表面刷鸡蛋液，将制作成酥卷的生坯整齐地放在烤盘中，等待进烤箱烘烤。

（3）卷折成型。

①制作酥角。清洁操作台面，并在操作台面上撒少许撒手粉。从冰箱内取出已经调制松弛好的清酥面坯放在操作台面上，在面坯上撒少许撒手粉。用擀面棍擀制面坯成长方形，尺寸为 20 cm×38 cm 左右，用刀具、直尺将面坯切割成 9 cm×9 cm 的正方形，在切割成正方形的清酥面坯对角线处用擀面棍稍微擀薄一些，中间放馅料，并刷鸡蛋液，沿对角线处对折，制作成酥角类制品的生坯，将成型好的清酥面坯表面刷鸡蛋液。

②制作酥卷。清洁操作台面，并在操作台面上撒少许撒手粉。从冰箱内取出已经调制松弛好的清酥面坯放在操作台面上，在面坯上撒少许撒手粉，用擀面棍擀制面坯成长方形，尺寸为 20 cm×38 cm 左右，用刀具、直尺将面坯切割成 9 cm×9 cm 的正方形。在切割成正方形清酥面坯的中间处用擀面棍稍微擀薄一些，中间放馅料，并刷鸡蛋液，沿中间处对折，并轻轻地压一下，制作成一种酥卷类制品的生坯。

（4）卷切成型。清洁操作台面，并在操作台面上撒少许撒手粉。从冰箱内取出已经调制松弛好的清酥面坯放在操作台面上，在面坯上撒少许撒手粉。用擀面棍擀制面坯成正方形，尺寸为 30 cm×30 cm 左右，在其表面撒上一层薄薄的白砂糖，用擀面棍把放在面坯上的白砂糖擀制平整。将面坯两边折起来，成为两层，缝在中间，并轻轻压平整；再将两边折起来，成为四层，缝在中间，并轻轻压平整；再对折，并轻轻地压平整，用保鲜膜包住，放在平整的小烤盘中，放进冰箱冷藏。将冷藏后的清酥面坯去除保鲜膜，用刀切成薄片，厚度为 0.7～0.8 cm，制作成蝴蝶酥生坯。

（5）切割成型。清洁操作台面，并在操作台面上撒少许撒手粉。从冰箱内取出已经调制松弛好的清酥面坯放在操作台面上，在面坯上撒上少许撒手粉。用擀面棍擀制面坯成长方形，尺寸为 20 cm×30 cm 左右，将清酥面坯用刀具、直尺分成 9 cm×30 cm 与 10 cm×30 cm 的两条长形的面坯。在 9 cm×30 cm 的一条面坯上用网刀将面坯切割成网状结构，将另一条 10 cm×30 cm 的面坯放在烤盘中，两边刷鸡蛋液，中间放馅料（如香蕉馅等）。将网状结构的面坯覆盖在放好馅料的面坯上，表面刷鸡蛋液，制作成酥排类的生坯。

（6）扣压模成型。清洁操作台面，并在操作台面上撒少许撒手粉。从冰箱内取出已经调制松弛好的清酥面坯放在清洁的操作台面上，在面坯上撒少许撒手粉。用擀面棍擀制面坯成正方形，尺寸为 36 cm×36 cm 左右，用大的圆形扣压模将面坯切割成圆形的面坯。将多个圆形的面坯分成两个一组，用小的圆形扣压模切割其中的一个，将面坯放入烤盘中；在一个大的圆形面坯表面刷鸡蛋液，将圆环状的面坯覆盖在大圆形面坯上，在圆环状的面坯及小的圆形面坯表面用刷子刷鸡蛋液，制作成酥盒的生坯（两部分）。

三、制作清酥点心生坯的注意事项

（1）操作间的温度适宜，应避免高温。

（2）用于成型切割使用的刀具应锋利，切割后的面坯应整齐、平滑，间隔分明。

（3）用于成型工艺的清酥面坯不可冷冻得太硬，如过硬，应放在室温下使其恢复到适宜的软硬度，以方便操作。

（4）成型操作的动作要快、干净利索，整个动作一气呵成。面坯在工作台上放置时间不宜太长，防止面坯变得柔软，增加成型的困难，影响产品的膨大和形状的完整。成型后的清酥面坯厚薄要一致，否则制作出的产品形状不整齐。

实训项目三　清酥点心成熟

 技能要求

1. 能合理设置酥类糕点烘烤的温度和时间。

2. 能运用烤箱成熟酥类糕点。

1. 清酥制品烘烤温度与烘烤时间的设置注意事项。
2. 运用烤箱成熟酥类糕点的工艺流程和注意事项。

实训任务一　烘烤温度的设置

　　清酥类糕点大多数产品常常采用烘烤的方法成熟。烘烤的一般方法是将成型后的清酥生坯放入烤盘中，静置 20 min 左右，然后放入已经预热好的烤箱中，使制品成熟。

　　清酥制品的烘烤温度和时间根据产品的要求而定，烤箱的温度一般为 220 ℃左右，时间为 30 min 左右。若温度太低，就不能产生足够的水蒸气，面坯也不容易膨胀，同时制品中的油脂在面坯还未达到膨胀时会开始融化，造成油脂的外溢，直接影响制品的美观和口感。若温度太高，会使面坯过早定型，抑制了膨胀程度，同时烘烤温度过高，时间短，制品易外焦内生，也可造成制品出炉塌陷，不成熟。含糖量较高或者表面覆盖含糖制品的品种，烘烤的上火温度略低，下火温度略高，时间也可短些。

　　对于烘烤体积较小的清酥制品，宜温度稍高些，适当缩短烘烤时间。烘烤时烤箱内最好有蒸汽设备，因蒸汽可防止产品表面过早凝结，使每一层面皮都可以无束缚地膨胀起来，增加制品的膨胀度。

　　对于体积较大的清酥制品，烘烤时烤箱的温度不应过高。因制品体积大，若温度太高，制品表面已上色、成熟，但制品内部还未膨胀到最大体积，所以，制品不会再继续膨胀，从而影响了制品的松酥度。因此，要采用稍微偏低的炉温烘烤，既保证了产品的成熟和松酥度，又可以防止产品表面上色过度；也可以先用高温烘焙至面坯充分膨胀，再把温度降为 175 ℃，然后烘烤至产品松脆即可。

　　在实际工作中，防止制品表面色泽过深而制品未熟的常用方法是：当清酥制品已上色，而制品内部还未熟时，可以在制品上面盖上一张牛皮纸或油纸，以便保持制品在炉内能均匀膨胀，当制品不再继续膨胀时，就可以将纸拿下，改用中火继续将制品烤熟。

　　制品烘烤定型之后，将烤炉的温度调整为 210 ℃，在不影响制品膨胀的前提下，使面坯充分成熟，避免发生面坯成熟不足而质感粘连、生皮等质量问题。

实训任务二 清酥类点心成熟

一、运用烤箱成熟酥类糕点的工艺流程

（1）打开烤箱的电源开关，使烤箱处于通电状态。根据清酥制品要求，设置烤箱的上、下火温度和时间，并使烤箱预热。烤箱的温度一般为220 ℃左右，时间为30 min左右。

（2）当烤箱的实际温度达到设置的烤箱温度时，将已经成型、松弛过的清酥生坯放入烤箱中烘烤。

（3）根据清酥制品的要求，改变烤箱烘烤的温度和时间。

（4）烘烤过程中注意观察，当烘烤的清酥制品完全成熟、表面颜色达到要求时，即可出炉、冷却，得到各种形式的清酥类糕点。

二、运用烤箱成熟酥类糕点的注意事项

（1）清酥面坯成型后应置于凉爽处或冰箱中静置20 min左右才能入炉烘烤，这样会让面坯松弛，减少收缩。

（2）在烘烤清酥类糕点的过程中，不要随意打开炉门，尤其是在制品受热膨胀阶段。因为清酥制品是完全靠蒸汽胀大体积的，炉门打开后，蒸汽会大量逸出炉外，导致正在胀大的清酥制品不会再膨胀，使产品体积收缩。

（3）要确认清酥类糕点已从内到外完全成熟后，才可将制品出炉。否则制品内部未完全成熟，出炉后会很快收缩，内部形成橡皮一样的胶质，严重影响成品质量。

模块三

面包制作

学习目标 　明确硬质、脆皮面包配方配料，掌握硬质、脆皮面包面团调制方法，能运用二次发酵法制作硬质、脆皮面包；掌握硬质、脆皮面包生坯成型方法及发酵特点，能用设备发酵硬质、脆皮面包生坯；掌握硬质、脆皮面包成熟方法，能用烤箱成熟硬质、脆皮面包。

实训项目一　面团调制

技能要求

1. 能按硬质、脆皮面包配方配料。

2. 能按程序搅拌硬质、脆皮面包面团。

3. 能运用二次发酵法制作硬质、脆皮面包面团。

相关知识

1. 面包的基础知识。

2. 硬质、脆皮面包的配料及其特点。

3. 硬质、脆皮面包面团搅拌的六个阶段及影响搅拌的因素。

4. 硬质、脆皮面包面团搅拌的温度和时间控制。

5. 硬质、脆皮面包面团搅拌的工艺流程和注意事项。

6. 二次发酵法的特点及制作工艺。

实训任务一　硬质、脆皮面包的配料

一、面包的基础知识

（一）面包的起源

目前，世界上各个国家生产的面包形式多样，种类繁多，现代面包制作技术与远古时代相比已经发生了巨大的变化。虽然有大量文献记载了面包的发展历史，但至今对最早开始制备面粉和面包的时间并不确定。据记载，发酵面包的产生最早要追溯到大约6 000年前，是由古埃及人开创的。埃及人利用野生酵母菌侵入到麦粒扁饼的面团中，在烘烤前，将面团放置在热、湿的地方一段时间，使烘烤出的扁饼具有了一定的起发性，发酵面包便由此产生了。当时，人们只懂得发酵的方法却不明白发酵的原理，直到17世纪后才发现了利用酵母菌发酵的原理，从而改良了古老的面包制作方法。最初，埃及人使用的烤炉是一种用泥土筑成的圆形烤炉，其上部开口，可使空气自由流通，底部生火，待炉内温度达到一定高度，将火熄灭，拨出炉灰，将调好的面团放入炉底，利用烤炉内余温烤熟。例如，我国黑龙江省哈尔滨市生产的著名品牌——秋林面包"大锅盖"，就是用这种原始烤炉生产，其产品风味醇正、香气浓郁，深受消费者喜爱。

公元前8世纪，埃及人将发酵技术传到了巴勒斯坦，后又流传至古希腊。古希腊面包师将烤炉改进为圆拱式，上部空气孔变得较小而内部容积增大，这样使炉内保温性提高。虽然其加热和焙烤方法仍与古埃及一样，但他们在面包制作技术方面做了改善，向面粉中加入了牛乳、奶油以及蜂蜜，提高了面包的品质。后来，古罗马征服了古希腊、古埃及，并建立了历史上有名的古罗马时代，面包制作技术又传到了古罗马。据文献记载，公元前312年古罗马就有了面包作坊，还办了面包制作学校，而且罗马人进一步改善了面包制作技术，发明了最早的面团搅拌机。之后，面包的制作技术传到法国，面包原料除了小麦粉外，还有少量的其他谷物粉，除加盐外，不加或很少添加糖、蛋、奶、油等辅料，这就是当时流行于欧洲的大陆式面包，也称硬式面包或乡土面包。后来，面包技术传到了英国，由于英国畜牧业发达，制作面包时加入了牛奶、黄油等。随后，英国人把此项技术带到美国，美国人则在面包中加入较多糖、黄油以及其他辅料，这种面包原料较丰富、成本较高，即所谓的英美式面包。

事实上，早在三国时期，我国劳动人民就利用发面技术制作馒头了。《齐民要术》中记载，"起面也，发酵使面轻高浮起，炊之为饼"。这种用小麦粉做成的烧饼可谓是中国古代式面包，烧饼与面包的形式虽然不同，但其制作基本原理相似，都是以小麦粉为主要原料经发酵和烘烤而制成的食品。馒头的性质与面包极为相似，面包和馒头均是由发面做成的，适合于面包的各种材料均可做馒头，烧饼与馒头的制作可看作是我国面包技术的起源。

（二）面包的发展趋势

随着生产力的不断提高，炊具和灶具不断改进，国家观念日益增强、城市不断建立、贸易也逐渐盛行。同时，人们对面包制作不断进行探索和研究，而且吃面包逐渐成为身份的象征。不久，面粉制造与面包制作分成两大行业，面包店铺数量不断增加。有些面包店为招徕生意，想出各种办法，以最快速度让过路人都吃上新鲜出炉的面包。

到了18世纪，工业革命时期，随着科学不断进步，人们发明了用机械制造面包，把面包生产业的人力操作减至最低，品质却明显提高。19世纪，科学为农业带来了新革命，同时也为面包制造业的进步带来空前未有的机遇。人们通过在技术上不断地创新、改良、发展，在面粉中加入多种营养成分物料，使面包品质上升到一个前所未有的新台阶。20世纪是科学全速前进的时期，科学制品广受欢迎，面包也不例外。与此同时，人们的饮食结构也发生了变化，朝着营养、健康、省时、全机械化方面努力。随着现代人们生活步骤加快，省时面包对现代人最具有吸引力。方便、快速、卫生，是满足人们生活的最大需求。

到了21世纪，科学有了突飞猛进的发展，人们对饮食文化有了更大的追求，开始回归自然，追求有民俗风情及浓郁地方特色的食品。21世纪的人们将更加回归自然，注重自我保健。因此，追求健康的食品，也将是21世纪消费的主流。同时，21世纪也延续了20世纪竞争的本质，在价值服务、创新、品质、形象、成本、劳动力、原料、自然资源的争逐上将更加激烈。口味单一化、组织结构粗犷，早已被现代生活的人们所淘汰。追求营养、新鲜、自然、保健，已是现代人们日趋追求的主流。现在面包店老板想方设法力求品种多样化、精致化，以满足人们日新月异口味的变化。改革开放前，我国面包的生产技术并不普及，主要集中在大中城市生产，农村、乡镇几乎没有面包生产；制作工艺和生产设备简单，面包花色品种少，质量也不稳定。改革开放后，我国面包行业的发展突飞猛进，北京、广州、上海、长春等大中城市先后从国外引进了先进的自动化面包生产线，生产条件得到改善，产品品质大大提高。

（三）面包的分类

面包是一种经过发酵的烘焙食品，深受广大消费者的喜爱。面包是由小麦粉、酵母以及其他辅助材料（如食用油脂、糖、鸡蛋、盐等）调制成面团，再经过搅拌、发酵、整形、醒发、烘烤等程序制成的组织松软的方便食品。

面包种类繁多，其配方和加工技术基本相似。

1. 按照产地、形状以及口味分类

（1）软式面包。我国生产的面包大部分属于软式面包。另外，大部分亚洲和美洲国家生产的面包。例如，著名的汉堡包、三明治、热狗等面包也属于软式面包。

（2）硬式面包。硬式面包也称欧洲式面包和大陆式传统面包。例如，法国面包、英国面包、荷兰面包、维也纳面包、俄国生产的大列巴、赛义面包等。

（3）起酥面包。丹麦人发明了著名的起酥面包，其制作工艺是采用冷藏技术，在面团中包入奶油，再进行反复折叠和压片，再用油脂将面团分层，产生清晰的层次。起酥面包口感酥松、层次清晰，是世界上最受欢迎的面包之一。

（4）调理面包。调理面包是烤制成熟前或成熟后，在面包坯表面或内部添加奶油、人造奶油、可可、蛋白、果酱等的面包，其最大特色是符合中国人特有的口味和品尝价值，具有色、香、味俱全的特点。

2. 按照加工和配料特点分类

面包可分为软式面包、硬式面包、听型面包、果子面包、快餐面包等。

（1）软式面包。

①花式软面包。花式软面包主要有奶酪面包、牛奶面包、葡干面包、葱花面包卷、火腿面包卷、辫子面包等。这类面包的辅料加入了一些农、畜、海产辅料。其特点是表皮较薄，式样美观，组织细腻、柔软，其形状有圆形、海螺形、网柱形、圆盘形、棱形等。整形制作工艺多用滚圆、辊压后卷成柱的方法，这种面包含糖 6% ~12%，油脂 8% ~14%，高级品的奶油、鸡蛋、奶酪含量较多，所用面粉的面筋强度比听型面包低一些，因此，比听型面包更为柔软。

②餐桌用面包。餐桌用面包也称餐包，包括牛油面包、热狗、小圆面包、汉堡包以及小甜面包等，这类面包的辅料与花式软面包相同。

（2）硬式面包。硬式面包的特点是其配方中几乎只有面粉、水、盐以及酵母，仅是在制作程序和形式上稍有不同，也就是式样、组织以及表皮性质不同，形成了形式多样的硬式面包。硬式面包麦香浓郁，表皮脆而香，内部组织柔软、有韧性，且越嚼越香，令人回味无穷。

①法国面包。法国面包的配方较简单，只含面粉、水、盐、酵母四种，其制作工艺极其讲究，从面团调制到整形、发酵、烘烤，均需要较高的技术。最常见的法国面包是长面包，中间有几道斜裂口，由于它的名气及美观的外形，常用于做各种关于面包的广告。法国面包在一般面包中香味最浓郁，深受消费者青睐。

②英国茅屋面包。英国茅屋面包是英式硬面包，其显著特点是制作时把两块面团叠在一起，形成不倒翁形状。这种面包多为英国家庭制作，商店销售不多。由于其皮多，内心柔软部分少，消费者欢迎程度不高。

③荷兰脆皮面包。荷兰脆皮面包为地方性品种，对面团和配料没有特殊要求。其特点是在焙烤前向面坯表面涂一层米浆，米浆经烘烤后产生了脆硬的表皮，增加了面包的香味。

④维也纳面包。维也纳面包具有较好的风味，金黄色、外皮较薄且脆。与其他硬式面包相比，配方中有奶粉，表皮色泽美观。维也纳面包属于大型面包，进炉前需用刀划出各种条纹，产品有棒状、橄榄形以及辫子形等。

⑤意大利面包。意大利面包配方简单，原辅料中只有面粉、盐、水和酵母。其特点是调制面包时需加入原来制作面包时所剩余的老面团，以增加发酵的风味。其制作方法与法国面包类似。意大利面包表皮厚而硬，其形状多样，有半球形、橄榄形和绳子形等。半球形与橄榄形面包在进炉前，也需用利刀划出各种条纹，意大利面包较维也纳面包的裂缝大而脆。

⑥德国面包。德国面包主要使用黑麦面，也需用老面团发酵，由于采用酵头中的乳酸发酵，使面包稍带有酸味，乡土气味浓郁。

⑦硬式餐包。餐包在正式宴会和讲究的餐食中极为重要，大致可将其分两类，一类是硬式餐包，另一类是软式餐包，其中硬式餐包受欧美人的欢迎。硬式餐包的做法与以上几种硬式面包基本相同，有法式、维也纳式及意大利式等餐包，只是花色、品种多

些，且小型面包居多。硬式餐包的特点：外表光滑、亮泽，呈金黄色，表皮脆而薄，有韧性；内部组织柔软且多孔状、有丝样光泽，用刀切断时，不能有颗粒落下。常见的硬式餐包有橄榄形法国餐包、硬式圆餐包、意大利餐包、维也纳餐包、洋葱餐包等。

（3）听型面包。

①方面包。方面包也称为方包，是在带盖的长方体箱中烤成，生产量较大，常切成片状出售，它也是三明治的一次加工品。方面包形状为长方体，断面近似于正方形，有 500 g（10 cm×10 cm×12 cm）、1 000 g（10 cm×10 cm×25 cm）、1 500 g（10 cm×10 cm×37 cm）等型号。1 000 g 型比 1 500 g 型的辅料略高级些，1 500 g 型多用于制作三明治，气孔细小、均匀，口感柔软、湿润。

②英式软面包。英式软面包也称山形面包，在不带盖的长方体箱中烤成，顶部隆起 2~4 个大包。

③圆顶面包。圆顶面包也称不带盖吐司面包、枕形面包，与英式软面包基本相同，也在不带盖的长方体箱中烤成，口感轻柔。

由于上述三种面包原料中不含麸皮，所以统称为白面包。这类面包添加的辅料主要包含 2.0% 的食盐、4.0%~6.0% 的起酥油、2.0%~6.0% 的砂糖、2.0%~6.0% 的脂奶粉。国外学校餐用面包多属于白面包，其对添加剂的使用要求更加严格，例如，把一部分砂糖改为葡萄糖等。

（4）果子面包。

①东方型果子面包。这类面包的面团配方中含糖量为 15%~35%，其表皮薄且柔软，味道较甜，是一种中西结合式的面包。其特点是一般都包馅，如芝麻酥、枣泥等，表面装饰有奶油糖面、蛋糕屑糖面、菠萝皮、巧克力菠萝皮、起酥皮等，其成熟采用烘烤的方法。这类面包较符合东方人的口味，其缺点是包馅或雕花多用手工，效率较低。我国居民喜欢食用热的食品，最好现烤现卖。

②欧美式果子面包。欧美式果子面包也称西式甜面包，分为丹麦式面包与美式甜面包两类。丹麦式面包在面团中裹入 26%~58% 的油脂夹层，常在中间或表面夹有稀奶油、果酱、水果等，外形漂亮，形式多样，常见的有牛角酥和各式水果油酥面包。美式甜面包的辅料中使用大量的糖、油脂、乳制品和蛋等，味道较甜，其外形多样化。

（5）快餐面包。

①烤前加工面包。烤前加工面包是在烘烤前加上馅，然后成型、烘烤。其主要类型

包括便餐面包、火腿面包、意大利薄饼包、馅饼式面包。

②深加工面包。深加工面包是将成品面包切开加上各种蔬菜、肉馅等制成。其主要品种有三明治、热狗、汉堡包等。

（6）其他。

另外，面包品种有油炸面包类、速制面包、蒸面包等，这些面包多使用化学膨松剂膨胀，面团柔软甚至呈糨糊状，成品虚而轻，组织孔洞大，例如，松饼之类等。

3. 按照面包用途分类

按用途分类，面包可以分为主食面包、花色面包、调理面包、丹麦面包。

（1）主食面包。主食面包，顾名思义，即当作主食来消费的。主食面包的配方特征是油和糖的比例较其他的产品低一些。根据国际上主食面包的惯例，以面粉量作基数计算，糖用量一般不超过10%，油脂低于6%。其主要根据是主食面包通常是与其他副食品一起食用，所以本身不必要添加过多的辅料。主食面包主要包括平顶或弧顶枕形面包、大圆形面包、法式面包。

（2）花色面包。花色面包的品种甚多，包括夹馅面包、表面喷涂面包、油炸面包圈以及因形状而异的品种等几个大类。它的配方优于主食面包，其辅料配比属于中等水平。以面粉量作基数计算，糖用量为12%～15%，油脂用量为7%～10%，还有鸡蛋、牛奶等其他辅料。与主食面包相比，其结构更为松软，体积大，风味优良，除面包本身的滋味外，还有其他原料的风味。

（3）调理面包。调理面包属于二次加工的面包，将烤熟后的面包再一次加工制成。其主要品种有：三明治、汉堡包、热狗等三种。调理面包是从主食面包派生出来的产品。

（4）丹麦面包。丹麦面包是近年来开发的一种新产品，由于配方中使用较多的油脂，又在面团中包入大量的固体脂肪，所以属于面包中档次较高的产品。该产品既保持了面包特色，又近似于馅饼（Pie）与千层酥（Puff）等西点类食品。产品问世以后，由于酥软爽口，风味奇特，加上香气浓郁，备受消费者的欢迎。

4. 按照面包做法分类

按照面包做法可以分为发酵面包、快速面包、平面包。

（1）发酵面包。发酵面包中含有气孔，而发酵的效果是由制作面包的酵母产生的。

例如，葡萄干面包和全麦面包就是发酵面包。比萨饼和汉堡也属于发酵面包。

（2）快速面包。制作快速面包所花的时间比发酵面包要少。它们发酵的效果是依靠发酵粉，而不是酵母。例如，玉米面包、甜甜圈、松饼和薄饼都属于快速面包。

（3）平面包。这种面包就像它的名字一样，是平面的。平面包包括墨西哥玉米饼皮、印度薄饼和中东皮塔饼。通常，它们都有用来填充馅和调味料的空隙。

二、硬质面包

硬质面包是一种内部组织水分少，结构紧密、结实的面包。它具有质地较硬、经久耐嚼、越吃越香、纯香浓郁的特点，是深受消费者喜爱的面包产品。

常见的硬质面包根据添加的材料性质不同，一般分为全麦面包、杂粮面包等。全麦面包是指用没有去掉外面麸皮和麦胚的全麦面粉制作的面包。它的特点是颜色微褐，肉眼能看到很多麦麸的颗粒，质地比较粗糙，但有香气，营养价值比一般面包高。全麦面包更有利于身体健康，因为它富含纤维素，能帮助人体清除肠道垃圾，还能延缓消化吸收，有利于预防肥胖。

1. 硬质面包的配料

硬质面包的配料，见表3－1。

表3－1 硬质面包的配料

原料名称	配比（%）
高筋面粉	100
低筋面粉	25
酵母	1.5
盐	2.25
水	80

2. 硬质面包的一般用料

硬质面包的用料根据配方不同，略有差异。一般用料有面粉、全麦粉、杂粮、酵母、盐等，也可加入少量的油脂、鸡蛋、乳粉和砂糖。在调和时，配方中水分要较其他面包少，目的是控制面团的面筋扩展程度及面坯体积，使烘烤成熟的面包更加具有整体的结实感。

（1）面粉。制作硬质面包要求选用面筋含量在高筋面粉（湿面筋含量为12%～15%）与中筋面粉（湿面筋含量为9%～11%）之间的具有较高筋力的面粉。

（2）全麦粉。全麦粉是整粒小麦在磨粉时，仅仅经过碾碎，而不需经过除去麸皮程序，即包含了麸皮与胚芽全部磨成的粉。以往小麦中的麸皮不被人重视，其实小麦中的麸皮含有营养价值极高的纤维素，可保持身体健康，所以全麦粉制作的全麦面包作为倡导健康含义的烘焙原料，现在被大力推广食用。

（3）酵母。

制作面包所选用的酵母，一般根据面包配料中的含糖量来选择。把适合在7%以上糖浓度中生存的酵母称为"高糖酵母"，反之称其为"低糖酵母"或"无糖酵母"。硬质面包配料中糖的比例一般较低，因此在制作硬质面包时要注意酵母的选用。

3. 硬质面包配料的特点

硬质面包的配料与其他面包相比，具有以下特点。

（1）使用较低面筋面粉为主料。

配料时使用较低筋力的面粉，水分较少，但其他原料成分较多，与种子面团一起搅拌形成面坯。这种面坯质地较硬，调制好的面团不需要基础发酵，可直接分割、整形。一般来讲，作为配料的成分越少，烘烤后的面包越硬，而且面包组织质感会细腻、结实。

（2）使用较高面筋面粉为主料。

配料时使用较高面筋的面粉，调制好的面团需要经过基础发酵，然后经过很短时间的最后发酵、烘烤。采用这种方法调制的硬质面包，其结实程度与面坯最后发酵时间关系密切，一般来讲，最后醒发时间越短，烘烤后的面包质感越结实。尽管硬质面包具有较硬的质地，但优质的硬质面包仍具有一定的弹性。硬质面包不具备良好的网状结构，但必须具备良好的组织构造。

三、脆皮面包

脆皮面包具有表皮松脆、内部柔软而稍具韧性，食用时越嚼越香，充满浓郁麦香等特点。

最具代表性的脆皮面包是法式长棍面包，它是一种最传统的法式面包。按照法国的传统，其最小长度通常不能小于80 cm，一个典型的法式长棍面包重量为250 g，还规定斜切必须有单道裂口才标准。法式长棍面包是由 19 世纪中期奥地利维也纳的面包工艺传承下来的。其制作方法是用一种新型可以注入水蒸气的烤炉替代传统的砖炉，蒸汽的注入使得面包外皮在被加热充分之前就已经开始膨胀，最后形成一个又轻又有空气感的面包。

1. 脆皮面包的配料

脆皮面包的配料，见表 3 - 2。

表 3 - 2 脆皮面包的配料

原料名称	配比（%）
高筋面粉	200
低筋面粉	50
酵母	3
盐	5
水	160

2. 脆皮面包的一般用料与特点

法式长棍面包的配方很简单，只使用面粉、水、盐和酵母四种基本原料，通常少加或不加鸡蛋、糖、乳粉以及油脂。法式长棍面包的面粉也常常用高筋粉与低筋粉一同配制，以降低面团的筋力。法式长棍面包的表皮之所以能够达到酥脆的效果，是因为其原料配方中含有大量的水分和酵母，而且整形后发酵时间充分的缘故。

四、硬质、脆皮面包配料的注意事项

（1）各种配料的工器具必须干净、卫生，避免产生质量问题。

（2）对于分量较轻的材料，例如，酵母、面包改良剂等辅料，最好使用刻度小的衡器，以保证称重准确。

（3）对于各原料之间有相互影响的，不能将原料混合，以免产生不良效果。

实训任务二 硬质、脆皮面包面团的搅拌

一、面团搅拌的六个阶段

面团搅拌是面包生产的重要环节，面团的质量直接影响到成品的口感与组织状态。

面团在调制过程中会发生一系列具有规律性的变化，面团搅拌程度的判断，主要通过操作者的经验进行观察。面团搅拌的过程可分为六个阶段。

（1）原料混合阶段。这是搅拌的第一个阶段。小麦粉等原料用水调湿，面团呈泥状，并未形成一体，且不均匀，水化作用只进行了一部分，面筋的结合未形成，用手捏面团，其较硬、黏稠、无弹性和延展性。

（2）面筋形成阶段。此阶段水分被小麦粉全部吸收，面团成为一体，并产生较大的筋力，已不黏附搅拌机壁和钩子，此时水化作用基本结束。面团表面较湿，用手捏面团时会黏手；手拉面团时，无良好的伸展性，易断裂；面团较硬，缺少弹性。

（3）面筋扩展阶段。随着面筋的形成，面团表面逐渐干燥，变得较为光滑，且富有光泽；用手触摸时，面团有弹性并较柔软；手拉面团时，易断裂。此时面团的弹性并没有达到最大值，面筋的结合已达一定程度，再搅拌，弹性逐渐降低，伸展性增加。

（4）面筋完成阶段。面团在此阶段因面筋已充分扩展，外观干燥、柔软而具有良好的伸展性，面团随搅拌钩转动时，会不时发出拍打搅拌机壁的声音。此时面团的表面干燥、富有光泽，细腻、整洁、无粗糙感。用手拉面团时，面团变得非常柔软，具有良好的伸展性和弹性。此阶段为搅拌的最佳程度，应立即停止搅拌，把面团从搅拌缸倒出，开始发酵。

（5）面筋搅拌过渡阶段。如果完成阶段不停止，继续搅拌，面筋超过了搅拌的耐度，开始断裂，面团则表面会再次出现水的光泽，并开始黏附在缸的边沿，不再随搅拌钩的转动而剥离，失去了良好的弹性，面团黏手而柔软。如果面团搅拌至这个程度，对面包的品质就会有较严重的影响。

（6）面筋破坏阶段。若继续搅拌，则面团变成半透明且带有流动性，非常的湿润和粘手，面筋完全被破坏。搅拌停止后，面团向缸的四周流动，搅拌钩已无法再将面团卷起。用手拉取面团时，可看到一丝丝的线状透明胶质。这种面团用来洗面筋时，已无面筋洗出，面筋的蛋白质大部分已在酶的作用下被分解，并且已无法补救，不能用于面包的制作。

二、影响面团搅拌的因素

面团搅拌的好坏受小麦粉的品质、面团温度、搅拌速度、加水量、辅料的添加量、投料顺序和搅拌时间等多种因素的影响。

（1）小麦粉的品质。小麦粉的品质对面团搅拌影响最大。通常，小麦粉蛋白质含量越多，形成面团的时间越长，面筋软化越慢。质量好的面筋蛋白在形成面筋后软化速度慢，对于面筋蛋白质量不够好的面粉，尤其要注意搅拌过度的问题。对于成熟度不足的小麦粉，面团状态不好，弹性较差，此种情况下一般添加面团改良剂以强化面团面筋。相反，若小麦粉成熟过度，面筋很难形成，面团呈不均匀的状态。

（2）面团温度。面团温度需按照要求调节，不能过高或过低。一般情况下，面团温度过高，虽能较快完成结合阶段，但不稳定，稍搅拌过度，就会进入破坏阶段，面团脆而发黏、失去良好的伸展性和弹性，严重影响面包品质。面团温度越低，吸水率越大，反之，则吸水率越小。调制好的面团温度，一般应控制：夏季为 28 ℃ ~ 30 ℃，冬季为 25 ℃ ~ 27 ℃，主要通过调节水温来控制面团温度。

（3）搅拌速度。搅拌速度对面筋扩展的时间影响较大。一般稍快速度搅拌面团，面筋形成时间快，完成时间短，面团搅拌后的性质较好。对面筋特强的面粉，如采取慢速搅拌，很难使面团达到成熟阶段。面筋稍差的面粉，应采用慢速搅拌，以免面筋被搅断。从实践来看，所调面团的体积以占搅拌缸的 30% ~ 65% 为宜。搅拌机最好可变速，分为 15 ~ 30 r/min（低速）、60 ~ 80 r/min（中速）、100 ~ 300 r/min（高速）以及 1 000 ~ 30 000 r/min（超高速），面团一般采用低速和中速搅拌。

（4）加水量。一般情况下，小麦粉中的蛋白质吸收的水分占小麦粉总吸水量的60% ~ 80 %，小麦粉的吸水率与其蛋白质的含量成正比，一般加水量为小麦粉总量的50% ~ 60%（包括液体原料的水分）。吸水率大，面团软，面团形成时间推迟，面团不稳定时间较长；吸水率低，面团形成时间短，面筋易破坏，稳定性小，面团硬度大。加水量过多或过少均对成品质量有一定的影响。加水量过多，会使面团过软，减弱面团的弹性和延展性，面团发黏，发酵时易酸败，成品形态不端正，易产生次劣品；加水量过少，面团太硬，影响面团的发酵，成品组织粗糙，质量差。

（5）辅料的添加量。

①糖。由于糖的反水化作用，糖的添加会使面团吸水率减小，相同硬度的面团，每加入 5% 的蔗糖，吸水率则降低 1%。随着糖量的增加水化作用变慢，从而延长了搅拌时间。

②食盐。食盐对面粉吸水量有较大影响，如果面团中添加 2% 的食盐，会比无盐面团吸水率减少 3%。食盐可使面筋韧性增加，在一定程度上抑制水化作用，使面团形成

时间延长。食盐量越多，搅拌时间越长。

③乳粉。添加乳粉会使面团的吸水率提高。一般加入1%的脱脂乳粉，对于含2%食盐的面团，吸水率增加1%。但加乳粉后，延长了水化时间，所以搅拌时常感到加水过多，延长搅拌时间后，会得到相同硬度的面团。

④油脂。添加油脂对面团的吸水性和搅拌时间基本无影响，但会使面团的韧性增强，提高了面筋的持气能力。

⑤蛋品。加工面包常用的是鸡蛋。蛋品具有较高的黏稠度，对小麦粉和糖的颗粒黏结作用很强，有良好的乳化性，可使水、油脂、糖乳化均匀地分散到面团中。鸡蛋中的含水量也应计入总水量中，否则面团会因加水量过多而变软。

⑥氧化剂。面包常用氧化剂有葡萄糖氧化酶，可使面筋结合强化，增强面团的硬度，吸水率增大，搅拌耐性增强，延长搅拌时间。另外，常用的还有钙盐、磷酸盐等面团改良剂。

⑦还原剂。使用半胱氨酸等还原剂可使面筋软化，缩短搅拌时间。例如，在小麦粉中使用量为20~40 mg/kg的半胱氨酸，可使搅拌时间缩短30%~50%。

⑧乳化剂。乳化剂种类很多，对搅拌的影响也各不相同。加工面包常用的乳化剂为硬脂酰乳酸钙，可增加面团的韧性，提高面团的搅拌能力，促进油脂在面团中的分散，利于面团起发膨胀等。

⑨酶制剂。淀粉酶的糖化作用可使面团软化，缩短搅拌时间，增加面团的黏性，给操作带来不便；蛋白酶可分解蛋白质，但使面团机械耐性减小，面团被软化，影响面团的发酵耐力，所以要限制蛋白酶的使用。

三、面团搅拌的温度和时间控制

硬质、脆皮面包面团搅拌调制时，应考虑面团搅拌温度的控制与搅拌时间的控制。

1. 温度的控制

为了使面团发酵能够正常进行，要求面团从搅拌机拿出来时达到适合于发酵的温度。这一温度与面团搅拌使用的原料、水温、环境温度以及面团在搅拌过程中温度上升有关。

用水温来控制面团温度时，水的温度可用经验或公式进行计算，二次发酵法面团搅拌水温计算公式为：

①第一次搅拌需要水温 =（面团理想温度×3）–（室温 + 面粉温度 + 搅拌升温）

例如，已知室温为 24 ℃，面粉温度为 23 ℃，第一次和面升温为 6 ℃，面团搅拌完成后的理想温度为 27 ℃，请计算适宜的水温。

解：水温 1 =（27×3）–（24 + 23 + 6）

=28（℃）

②第二次搅拌需要水温 =（面团理想温度×4）–（室温 + 面粉温度 + 搅拌升温 + 第一次发酵后的面团温度）

又如，已知室温 25 ℃，面粉温度 24 ℃，第一次发酵后的面团温度 30 ℃，第二次和面升温 9 ℃，面团搅拌完成后的理想温度为 27 ℃，请计算适宜的水温。

解：水温 2 =（27×4）–（25 + 24 + 9 + 30）

=20（℃）

③在夏季，自来水的温度经常大大高于理想的和面水温，因此需用冰或冰水来降温。根据热平衡原理可推算出用冰量，其计算公式可表示为：

冰需要量 =［总水量×（常温水水温 – 理想水温）］/（80 + 常温水水温）

再如，已知某面包面团理想温度为 26 ℃，室温为 30 ℃，面粉温度为 29 ℃，搅拌升温为 8 ℃，常温水温度为 20 ℃，配方中用水量为 40 kg，试计算搅拌面团所需要的理想水温，是否需加冰来调节？如需加冰，应加多少？

解：根据理想水温计算公式：

第一次搅拌需要水温 =（面团理想温度×3）–（室温 + 面粉温度 + 搅拌升温）

$T1$ =（26×3）–（30 + 29 + 8）

=11（℃）

搅拌面团需要的水温低于常温水温度 20 ℃，需要加冰降温达到理想水温。

冰需要量 =［40 ×（20 – 11）］/（80 + 20）

=3.6（kg）

用水量 =40 – 3.6

=36.4（kg）

因此，用 36.4 kg 的常温水，添加 3.6 kg 的冰，可以将水温控制为理想的 11 ℃，用此水温的水来搅拌面团，可以将搅拌后的面团温度控制为 26 ℃ 的理想温度。

2. 时间的掌握

正确掌握和面时间对于和面操作至关重要。搅拌不足或搅拌过度，都会影响到面包品质。搅拌不足，面筋得不到充分扩展，没有良好的弹性和延伸性，面团持气性差，面包体积小，内部组织紧密、粗糙，色泽不佳，结构不均匀。反之，搅拌过度，面团过于软化，表面过分潮湿发黏，会造成操作困难。

和面时间应根据搅拌机的类型与面粉筋力强弱来决定。采用筋力较强的面粉搅拌面团，可搅拌到面团成型的第四阶段（完成阶段）。用筋力稍差的面粉搅拌面团，因面粉筋力差，耐搅拌性差，最好在第三阶段（扩展阶段）就停机，以免搅拌过度。

四、面团搅拌的工艺流程

硬质面包面团的搅拌可以采用机械搅拌或手工搅拌的方法。采用机械搅拌面团的方法，应采用面包面团专用搅拌机或多用途搅拌机。搅拌面团时应准备好刮板、量杯等工器具。

面团搅拌的工艺流程如下：

（1）搅拌机接通电源，并试机检查能否正常运转。

（2）将面粉、水、糖、酵母等原料倒入搅拌缸，慢速搅拌均匀。

（3）面团经过 8~10 min 的搅拌，面筋生成 5~6 成即可，将种子面团在搅拌缸或案板上醒发 90 min 以上，待用。

（4）将种子面团放入搅拌机内，投入剩余的面粉、水、砂糖、鸡蛋、乳粉等，快速搅拌。

（5）将面团搅拌至面筋基本产生时，加入油脂，中速搅拌。面团在搅拌至面筋产生时，加入食盐，慢速搅拌。

（6）完成面团的搅拌，将面团取出搅拌机，将搅拌完成的主面团进行静置醒发。

五、面团搅拌的注意事项

（1）当种子面团中的面粉筋力过高时，可适量添加适量低筋粉，降低弹性、韧性，提高面团的延伸性，促进面团发酵。

（2）种子面团的加水量可根据发酵时间长短而调整。一般情况下，种子面团加水量少，发酵时间长，但面团膨胀体积大，面筋软化效果好；而水分多的种子面团，发酵时间短、速度快，但面团膨胀体积小，面筋软化差。

（3）种子面团发酵是为了酵母的成分繁殖，一般面团体积增大两倍左右时，认为发酵完成。

（4）判断面团发酵的程度可以用手指插入面团来测试。若凹面马上恢复，说明表面发酵没有完成；若凹面不能恢复，说明表面发酵过度；若凹面缓慢恢复，则发酵完成。

实训任务三　二次发酵法面团的制作

一、面点的发酵方法

1. 直接发酵法

（1）工艺流程。原料预处理 → 面团调制 → 面团发酵 → 面团制作 → 醒发 → 烘烤 → 冷却 → 包装。

（2）工艺特点。直接发酵法只需一次调粉，一次发酵，因此也称一次发酵法。其优点：生产周期短，节省人力，所需设备、厂房少，操作简单，发酵损失少，口味较好。其缺点：酵母用量大，面团的机械耐性差，操作要求严格，出现失误，难以补救，产品质量不稳定，面包老化较快。这种方法目前世界上仍有一些国家和地区采用，特别是主食面包、法式面包以及油炸面包圈等产品应用得比较多。

2. 中种发酵法

（1）工艺流程。原料预处理 → 第一次（中种）面团调制 → 第一次（中种）面团发酵 → 第二次面团（主面团）调制 → 第二次面团（主面团）发酵 → 面团制作 → 醒发 → 烘烤 → 冷却 → 包装。

（2）工艺特点。中种发酵法需要二次调粉，二次发酵，也称二次发酵法、分醪法、预发酵法。此法是目前全世界各国流行、应用最广泛的面包制法，几乎适用于所有品质。其优点：节约20％的酵母，面包体积大，面筋伸展性好，有利于大量、自动化机械操作（机械耐性好）；面包组织均匀，蜂窝细密，柔软，弹性好，香味较浓，老化速度慢。其缺点：生产周期长，所需设备、厂房多（投资大）。

3. 三次发酵法

（1）工艺流程。原料预处理 → 第一次面团（小醪）调制 → 第一次面团（小醪）发酵 → 第二次面团（二醪）调制 → 第二次面团（二醪）发酵 → 主面团调制 → 主面团发酵 → 面团制作 → 醒发 → 烘烤 → 冷却 → 包装。

（2）工艺特点。三次发酵法需要三次调粉，三次发酵，故称三次发酵法。三次发酵法在欧洲国家较盛行。例如，法国面包、俄罗斯面包、意大利面包、维也纳面包等的生产，以及传统高质量面包均采用三次发酵法生产。其优点：香味浓，风味好，与其他方法生产的面包形成鲜明对比，老化速度慢。其缺点：生产周期长。

4. 液体面团法

（1）工艺流程。原料预处理 → 液体发酵 → 冷藏贮存 → 面团调制 → 面团发酵 → 面团制作 → 醒发 → 烘烤 → 冷却 → 包装。

（2）工艺特点。液体面团法具体操作步骤是把小麦粉以外的原料（或加少量的面粉）与全部酵母做成液态酵母（液种），即发酵液，由酵母、糖、水、酵母食物、食盐以及脱脂奶粉等混合而成，在30 ℃发酵36 h，待发酵完毕后，再添加面粉、糖、油脂等原料调制成面团，进行第二次发酵。操作时常给液种中加入缓冲剂，以稀释发酵中产生的酸，使 pH 值发酵稳定在 5.2 左右。其优点：液种可大量制造，并在冷库中保存，分批使用，生产管理容易，适应性广，节约时间、设备，产品柔软，老化较慢。其缺点：面包风味稍差，技术要求较高。这种方法起源于德国、苏联等国，特别是制作黑面包时常采用。我国北方的馒头、烙饼等发酵也常用此法。

5. 快速发酵法

（1）工艺流程。原料预处理 → 面团调制（高速搅拌） → 面团制作 → 醒发 → 烘烤 → 冷却 → 包装。

（2）工艺特点。美国发明的快速发酵法，也称机械面团起发法、柯莱伍德法，此法在英国、澳大利亚较普及。快速发酵法是在面团中加入大量酵母和氧化剂，通过强烈的机械搅拌，把调粉和发酵两个工序结合在一起，调粉中完成发酵，而无须单独进行发酵。优点：生产周期短，生产速度快，成本低。缺点：酵母、氧化剂用量大，操作要求严格，产品质量不稳定，风味较差。

6. 冷冻面团法

（1）工艺流程。原料预处理 →调制面团→发酵→压片→整形→冻结→冷库贮存→

解冻→醒发→烘烤→冷却→包装。

（2）工艺特点。冷冻面团是20世纪50年代发展起来的面包新工艺，制作冷冻面团所用原辅料及工艺过程在一定条件下有特殊要求。冷冻面团法，就是由较大的面包厂或中心将已经搅拌、发酵、整形的面团在冷冻库中快速冻结和冷藏，然后将此冷冻面团销往各个连锁店，包括超级市场、宾馆、饭店、面包零售店等，用冰箱贮存。各连锁店只需备有醒发箱和烤炉即可，使顾客可以在任何时候都能买到刚出炉的新鲜面包。

二、二次发酵法

1. 二次发酵法的特点

面包的二次发酵法也称中种法，其通过二次搅拌、二次发酵，使面包面团内的酵母得到更理想的繁殖条件，酵母用量相对减少，而面包的组织结构较一次发酵的面包内部组织结构细腻、体积更大。用二次发酵法生产的面包品质优、香味浓、柔软、细密，保质期长，但生产周期长。

2. 二次发酵法面团的制作工艺

用二次发酵法搅拌面包面团，是先将三分之二的面粉与相应的水、全部酵母、面包改良剂搅打成一个种子面团，经过发酵后，再将剩余的原料搅拌、发酵。

（1）种子面团的搅拌和发酵。将种子面团配方中的面粉（总量的30%）、酵母、水（总量的40%）和糖（总量的20%）全部加入搅拌机内，经过8~10 min搅拌即可。种子面团搅拌不需搅拌时间太长，也不需要面筋充分形成，其目的是扩大酵母的生长繁殖，增加主面团的发酵能量。制作时可将种子面团搅拌得稍软、稍稀一些，以利于酵母生长，加快发酵速度。搅拌后的面团温度应控制为27 ℃以下。

将种子面团放置在温度为28 ℃~30 ℃、相对湿度为70%~75%的环境下进行发酵，时间为90 min以上，最长时间为4~6 h。

（2）主面团搅拌和发酵。将发酵好的种子面团和主面团配方中的原辅料按序加入搅拌机中搅拌均匀，搅打成细腻、光滑的面团。

将调制好的面团进行发酵，第二次发酵的时间较短，约为15 min，相对湿度为80%，温度为30 ℃。发酵时间的长短由种子面团和主面团的面粉比例来调节，如果种子面团面粉比例大，则主面团发酵时间可稍短，反之，则有所延长。

发酵后的面团需进行翻面，目的是去除多余的空气，充入新鲜空气，增加发酵效果，面团重新摄取酶，提高酵母活力，并且调节面团温度。

3. 原材料的投入方法

硬质面包的搅拌投料根据不同的操作工艺而有所不同。采用二次发酵法制作，一般的投料顺序如下：

（1）种子面团搅拌。

①采用筋力较低的高筋粉搅拌种子面团工艺的，投料顺序应为：高筋粉（约占面粉总量的30%）、酵母（全部）、水（约占水总量的40%）、白砂糖（约占砂糖总量的20%），然后进行搅拌。

②采用筋力较高的高筋粉搅拌种子面团工艺的，投料顺序应为：高筋粉（约占面粉总量的70%）、酵母（全部）、水（约占水总量的80%）、白砂糖（约占砂糖总量的50%），然后进行搅拌。

（2）主面团搅拌。在种子面团搅拌与醒发完成后，进行主面团的搅拌。投料顺序应为：剩余的面粉、水、白砂糖、鸡蛋、乳粉等，在面筋基本形成时加入油脂（全部），在面筋完全形成时，加入食盐。

实训项目二　生坯成型与发酵

技能要求

1. 能制作不同形状硬质、脆皮面包生坯。

2. 能用醒发设备发酵硬质、脆皮面包生坯。

相关知识

1. 硬质面包生坯的分割、揉圆方法和注意事项。

2. 脆皮面包生坯的分割、揉圆方法和注意事项。

3. 硬质面包生坯发酵的条件要求。

4. 脆皮面包生坯发酵的条件要求。

实训任务一 面包生坯的制作

面包生坯的制作是指将发酵好的面团，经过分割、揉圆、中间醒发、成型等一连串的步骤与技巧完成面包面团的成型。

一、硬质面包的生坯制作

1. 硬质面包生坯的分割

（1）硬质面包生坯分割的方法。硬质面包生坯分割一般有手工分割和机器分割两种方法。分割和称重往往同步进行，按产品重量的要求对面团进行称重，但要考虑到烘烤重量损失因素。

（2）硬质面包生坯分割的时间控制。无论是手工分割还是机器分割，动作必须迅速，面团的全部分割时间应控制为25 min以内。

2. 硬质面包生坯的揉圆

（1）硬质面包生坯揉圆的方法。硬质面包面团的揉圆是把分割后的面团通过手工或机器搓成圆形。手工揉圆的一般手法是用手指和手掌配合用"浮力"轻压面团，然后同方向旋转，使面团渐渐形成紧而有弹性且表面光滑、底部中央呈旋涡状的面团。

（2）硬质面包生坯揉圆的目的。分割后的小面团切口会黏结，揉圆的目的是使分割后的面团重新形成一层薄的表皮，以保住面团内继续产生的二氧化碳气体，有利于下一步工序的进行。

3. 硬质面包生坯的中间醒发

（1）硬质面包生坯中间醒发的目的。中间醒发的目的是使面团重新生成气体，恢复面坯的柔软性，以便于下一步操作。硬质面包中间醒发的时间较一般面包发酵的时间短。

（2）硬质面包生坯中间醒发的要求。一般情况下，中间发酵的温度可维持为30 ℃左右，相对湿度为70%～75%，时间为15 min左右。如放置在案板上发酵，面团上面应加盖塑料纸或湿布等。

4. 硬质面包生坯的造型

面包造型的目的，一方面是为了拥有美的外观，另一方面也可借助不同的样式来区分面包的种类与口味。硬质面包造型的主要操作方法有滚、搓、包、擀、切、割等。每一个动作都有它独特的功能，可视其造型的需要，相互配合使用。制品造型时，一方面要尽快完成成型工作，另一方面要求制品大小一致。在操作时，不要使用过多的干面粉，以免影响成品质量。

5. 硬质面包生坯制作的注意事项

（1）将面团分割成小块时，面团仍然在发酵中，因此要求面团的分割时间越短越好，最理想的是 15～25 min 以内完成。时间太长，会导致发酵过度而影响面包成品的品质。

（2）无论是手工成型还是机器成型，动作必须快速，应在 20～25 min 内完成。

（3）面团揉圆时，用力要轻重适当，使面团内部组织结实、表面光滑，再经过 15～20 min 静置，面坯轻微发酵，使分块切割时损失的二氧化碳得到补充。

（4）操作时，尽量少用干粉，以免影响产品质量。

二、脆皮面包的生坯制作

1. 脆皮面包生坯的分割

脆皮面包面团的分割是将发酵后的面团按固定重量分开。

2. 脆皮面包生坯的揉圆

揉圆就是将分割好的面团揉成圆球状，轻轻地将面团往里集中折，让表面持有张力的一种操作。揉圆时，迅速地搓成同一形状是很重要的，这也是手工操作的基本要求。

面团之所以要揉圆，是因为面团呈圆球形时，面团成型时就能具备较高的通用性，也能够更容易地使其变成各种形状。然而，脆皮面包呈细长的棒形，面团的劲道弱时，可以轻轻地将面团往里集中折成长方形，而这也仅仅只是为了使面团能向固定方向伸展。

3. 脆皮面包生坯的中间醒发

为了使揉圆后的面团的紧绷程度得到缓和，并且恢复面团的伸展性和伸长性时所需的这段时间称为中间醒发时间。一般脆皮面包生坯的中间醒发时间在 30 min 左右。

揉圆后的面团，其面筋组织的弹性和复原能力都比较强，并且难以成型，这时将稍微休整的面团进行发酵，就能使面筋组织得到松弛，这样一来，面团就能恢复伸长性和伸展性，即面团完成发酵膨胀的过程。

4. 脆皮面包生坯的成型

脆皮面包成型的工艺方法有很多种，除了众所周知的法式长棍面包外，面坯还可用搓、编、揉、压等方法。在这个流程中若排出过多的空气，面团会变得紧实，导致面包的口感不佳，因此必须加以注意。

实训任务二　面包生坯的发酵

一、面团的醒发

面团的醒发也称最后醒发或最后发酵，即把成型完了的面包坯，再经最后一次发酵，使其达到应有的体积和形状。醒发是为了使面团得到恢复，使面筋进一步结合，增强其延伸性，利于体积充分膨胀；酵母再经最后一次发酵，使面包坯膨胀到适当的体积；改善面包内部结构，使其疏松多孔。将装有生坯的烤模，置于调温调湿箱内，箱内温度为 36 ℃ ~ 38 ℃，相对湿度为 80% ~ 90%，醒发时间为 45 ~ 60 min，观察生坯发起的最高点略高出烤模上口即醒发成熟，立即取出。

（1）面团醒发的条件。面包制作过程中，醒发如果稍有操作不当和疏忽，便会对面包品质造成很大影响。醒发操作是将烤盘或烤模送入醒发室，对醒发室要求的条件如下。

①温度。醒发温度主要是根据酵母发酵的温度来确定，一般为 38 ℃ ~ 40 ℃。温度过高，面包坯的皮干燥，烤出来的面包皮粗糙有裂口，同时油脂液化，导致面包体积缩小；进入醒发室时，面包坯的温度也不宜过低，否则内部发酵不良，面包内部紧密不松。如果醒发室的温度较低，醒发时间也要相应延长。

②相对湿度。醒发工序要求的相对湿度为 80% ~ 90%，以 85% 为宜。如果相对湿度过小，会使面包坯表面干燥，影响面包的膨胀和面包皮的色泽。反之，若相对湿度过大，会在面包坯表面结成水滴，使烤成的面包表面有白点或气泡。

③醒发时间。醒发时间一般控制为 55 ~ 65 min。醒发时间过长，面包的酸度大；醒

发时间不足，烤出的面包体积较小，内部组织不良。此外，如果膨胀过大超过了面筋的延伸限度易造成跑气塌陷，面包皮无光泽或表面不平。

（2）醒发的方法。醒发的方法有人工醒发和机械控制醒发。人工醒发一般是在一间特定的醒发室进行，利用蒸汽为热源，由锅炉供气，通过管道控制温度与湿度，这种方法适合于有一定规模的面包厂。另外，也可利用电热产生热量，使水沸腾而得到需要的温度与湿度，这种方法适于中小型面包厂使用。大型的面包工厂使用机械化成套面包设备，用机械连续醒发的方法，可连续化生产，便于自动控制。

（3）醒发成熟度判断。醒发成熟度的判断直接关系到面包的成品质量，一般是依据操作人员经验判断。

①一般最后发酵结束时，面团的体积应是成品体积的80%，其余20%的体积留待炉内胀发。实际生产中，对于在烤炉内胀发体积大的面团，醒发终止时体积可小些，为成品体积的60%~75%，而对于在烤炉内胀发体积小的面团，醒发终止时体积要大些，为成品体积的85%~90%。由于方包烤模带盖，所以易掌握，一般醒发到80%即可；山型面包和非听型面包则需凭经验判断；对于听型面包，以面团顶部与听子上缘的距离来判断醒发的成熟度。

②另外一种醒发成熟度的判断方法是按面包坯的膨胀程度来判断，通常是当醒发到面包坯的2~3倍时为适度。

③根据面包坯的柔软度和透明度等判断醒发成熟度。在醒发前，面包坯不透明，触感硬。醒发适度，面团表面呈半透明薄膜状。随着醒发和膨胀的继续进行，面团醒发过度，用手指轻触面团即破裂，有跑气塌陷等现象。

（4）影响醒发程度的因素。面粉中面筋的含量和性能、面包的类型、面团的发酵程度、炉温以及炉的结构均对面团的醒发有一定影响。

①面粉中面筋的含量和性能。面筋含量少或弱力粉，面团的延伸性、弹性和韧性均较差，入炉后容易膨胀和破裂，对于这样的面团，醒发程度要轻些；面筋含量多或强力粉，面团的韧性强，若醒发不充分，入炉后膨胀不充分，对于这样的面粉，醒发则要充分些。

②面包的类型。夹馅面包和无馅面包、听型面包和平盘面包、主食面包和点心面包等不同类型的面包，其工艺对醒发程度有不同的影响。

③面团的发酵程度。在发酵中成熟度不足的面团，入炉后膨胀效果不好，需用醒发

程度大些来弥补。反之，成熟过度的面团，面筋脆弱易断，醒发程度应轻一些。

④炉温与炉的结构。通常，炉温高，入炉后面包膨胀小；炉温低，入炉后面包膨胀大。因此，前者醒发程度宜重些，后者醒发程度宜轻些。对于前部没有高温部位的烤炉，或对流充分的烤炉，它有使面包坯在炉内充分膨胀的机会，醒发程度要轻些；而炉顶部辐射热强的烤炉，面包坯入炉后，立即受到高温烘焙，膨胀受到限制，使用这样的烤炉，醒发程度需充分些。

（5）面团醒发注意事项。

①目前，我国绝大多数面包厂无温度、湿度自控设备，必须人为控制。温度可凭温度计控制，湿度主要靠观察面团表面干湿程度来调节。正常的湿度则是面团表面呈潮湿、不干皮状态，若温度、湿度过大或过小，可随时开启、关闭电水器调节温度、湿度，也可在醒发室内悬挂干、湿温度计来控制。

②往醒发室送盘时，应先平行从上往下入架，以便先入先出、先烤，如使用烤箱应凑满一炉后再送入醒发室，以便整炉烘焙，节省电能。使用隧道炉可4~5盘同时入醒发室，避免开启门次数过多，以利于温度、湿度的控制。

③依据烘焙进度及时上下倒盘，使其醒发均匀。如面团已醒发成熟，但不能入炉烘焙时，可将面团移至温度较低的架子底层或移出醒发室，防止其醒发过度。

④当醒发至面团表面呈半透明薄膜时即可烘焙。

⑤从醒发室拿盘烘焙时，注意要轻拿轻放，避免振动和冲撞，防止面团跑气塌陷。

⑥如醒发室相对湿度过大，屋顶水珠较多，会直接滴到面团上，由于醒发适度的面团表皮很薄、很弱，滴上水珠后会很快破裂，跑气塌陷，且烘焙时极不易着色，要特别注意湿度的控制。

二、硬质面包生坯的发酵

1. 最后醒发的条件要求

面团最后醒发的目的是使面坯膨胀到所需要的体积，并通过最后醒发改善面团的组织结构，使其疏松多孔。最后醒发主要在发酵室内进行。

（1）温度要求。硬质面包最后醒发的温度一般为38 ℃~40 ℃。

（2）湿度要求。硬质面包最后醒发的相对湿度为85%。相对湿度的提高，主要是为了使面坯在膨胀时面皮湿润而不破裂。

（3）时间要求。二次发酵法的硬质面包最后醒发的时间比软质面包其他方法短一些，为 60 min 左右。

2. 最后醒发程度的判断

影响硬质面包醒发的因素有温度、湿度和时间，同时与面团的 pH 值也有关系。

面团最后醒发程度主要根据经验来判断。

（1）一般最后醒发后的面坯体积是生坯体积的 3~4 倍。

（2）结实的面坯醒发至柔软、半透明状态，用手指触摸生坯有松、胀感觉。

三、脆皮面包生坯的发酵

1. 最后醒发的条件

脆皮面包最后醒发在发酵室内完成，一般温度为 28 ℃，相对湿度为 75%，时间为 40~60 min。

2. 最后醒发的要求

（1）时间的要求。因为法式长棍面团面筋强度可以使其承受住长时间发酵的过度拉力，所以法式长棍面团的醒发时间略长，以促使其表面裂痕完全舒展。

（2）醒发程度的判断。发酵是酵母与面团里的淀粉产生作用，生成二氧化碳气体和乙醇的过程。首先要记住在面团温度到达 60 ℃ 之前发酵的过程一直在持续，法式长棍面团属于长时间造型面团，必须留出造型开力的发酵时间，忽视这段时间可能会导致发酵过度。

实训项目三　面包成熟

1. 能用烤箱烤制硬质面包。

2. 能用烤箱烤制脆皮面包。

1. 影响硬质面包成熟的因素和成熟的鉴定方法。

2. 影响脆皮面包成熟的因素和成熟的鉴定方法。

实训任务一　硬质面包的成熟

硬质面包的成熟，主要运用烘烤加热的方法，使制品在温度的作用下，发生一系列的变化，成为色、香、味、形俱佳的熟制品。熟制工艺是硬质面包制作与特点形成的最后一道关键的工序，它关系到制品成熟后的色泽美观、形态大小以及质感的好坏。

一、面包在烘烤过程中的变化

1. 水分变化

在烘烤过程中，面包中的水分大量蒸发，其水分不仅以气态方式与炉内蒸汽交换，同时也以液态方式向面包中心转移。当烘烤结束时，原来水分均匀的面包坯成为水分不均匀的面包。当冷的面包坯被送进烤炉后，热蒸汽遇低温在面包坯表面很快发生冷凝作用，形成了较薄的水层。一部分水被面包坯所吸收，这个过程发生在入炉后的 3 ~ 5 min 内。因此，面包坯入炉后的 5 min 之内看不见蒸发的水蒸气，其主要原因是由于在这段时间内面包坯内部温度仅有 40 ℃左右。同时，面包有一个重量变化的过程，随着水分的蒸发，面包重量迅速降低。

在炉内温度达到 200 ℃的高温时，面包坯的表面受热剧烈，短时间内，面包坯表面几乎失去了所有的水分，并达到了与炉内温度相适应的水分动态平衡，形成面包皮。当面包坯表层与炉内达到温度、湿度平衡时，则停止蒸发，因此，表层能较快加热到 100 ℃以上。面包皮的平均温度均在 100 ℃以上，一般可认为面包皮是无水的。面包皮的厚度受烘烤温度和时间的影响，由于面包的水分蒸发层是平行面包表面向内推进，它每向内推进一层，则面包皮加厚一层。故烘烤时间越长，面包皮就越厚。因此，为保证面包质量，在烘烤过程中，必须严格掌握烘烤温度和时间。

炉内的湿度越低、温度越高以及面包坯的温度越高，则冷凝时间越短，水的凝集量越少；反之，冷凝时间越长，水的凝集量越多。不久后，当面包表面的温度继续升高时，冷凝过程则被蒸发过程所取代。

随着面包表面水分的蒸发，形成了一层较硬的面包皮，这层较硬的皮阻碍了水蒸气的散失，同时加大了蒸发区域的蒸汽压力。由于面包内部中心的温度低于蒸发区域的温度，使内外层的蒸汽压差增大，迫使蒸汽向面包内部转移，遇到低温则冷凝下来，形成一个冷凝区。随着烘烤的进行，冷凝区域逐渐向内部转移，面包外层的水分便逐渐移向中心。

2. 温度变化

烘烤过程中，面包内外会产生温度的变化，其主要的原因是面包内部温度不超过100 ℃，而表皮温度在100 ℃以上。在烘烤中，面包内的水分不断蒸发，面包表皮不断形成、加厚以至面包成熟。烘烤过程中面包温度的主要变化包括：一是面包皮各层的温度达到并超过100 ℃，最外层温度超过180 ℃，与炉温几乎一致；二是面包皮与面包内部分界层的温度，在烘烤要结束时达到100 ℃，且始终保持到烘烤结束；三是面包内任何一层的温度直到烘烤结束都不超过100 ℃。

3. 微生物变化

面包坯送入炉后的5～6 min内，随着温度的不断升高，酵母的发酵活动更加旺盛，进行着强烈的发酵并产生大量二氧化碳气体。当面包坯内温度达到35 ℃～40 ℃时，发酵活动达到高潮，45 ℃后其产气能力开始下降，50 ℃以后酵母停止发酵活动并死亡。由此可知，面包入炉后，体积迅速膨大主要是酵母在面包坯入炉后5～6 min内的强烈发酵活动所致。

乳酸菌是面包中的主要酸化微生物。各种乳酸菌的耐热性有所差异，如嗜热性乳酸菌耐热温度为48 ℃～54 ℃，嗜温性乳酸菌耐热温度约为35 ℃。同酵母一样，乳酸菌的生命活动随着面包坯内温度升高而加速。当超过最适宜温度后其生命力就逐渐减退，60 ℃左右时全部死亡。一般认为，直到烘烤结束，在面包的中心部位仍残存着个别活的微生物。

4. 体积变化

体积是面包的重要质量指标之一。面包坯入炉后，面团醒发时积累的二氧化碳和入炉后酵母最后发酵产生的水蒸气、二氧化碳、酒精等受热膨胀，产生蒸汽压，使面包体积迅速变大，这个过程发生于面包坯入炉后的 5 ~ 7 min 内，即入炉初期的面包起发膨胀阶段。面包坯入炉后，应控制上火，即上火不要太大，且适当增加底火温度，促进面包坯的起发膨胀。若上火大，会使面包坯过早形成较硬的壳，限制了面包体积的增长，从而使面包体积小、表面断裂、粗糙、皮厚有硬壳。

将面包坯放入烤炉后，面包的体积有明显的增长，随着温度升高，面包体积的增长速度降低，最后停止增长。面包在烘烤中的体积变化，可分为两个阶段：第一阶段体积增大；第二阶段体积不变。在后一阶段中，面包体积不再增长，主要是受到面包皮的形成和面包内部加厚的限制。

在烘烤过程中，当面包皮形成后，延伸性减弱，透气性降低，面包体积增长受阻。同时，蛋白质凝固和淀粉糊化构成的面包内部加厚，也限制了内部面包中心层的增长。烘烤开始时，如炉温过低，且过多地延长体积变化的时间，会引起面包外形的凹陷或底部的粘连；如温度过高，面包体积的增长很快停止，会使面包体积小或造成表面的断裂现象。

5. 结构变化

在烘烤过程中形成的面包气孔结构，受烘烤条件和入炉前各工序条件的影响。用发酵过度的面团制作的面包，气孔壁薄，容易破裂，多数情况下呈圆形；如果用发酵不成熟的面团制作的面包，气孔壁厚，坚实而粗糙，孔洞大或不规则。面包坯醒发过度，会使成品面包塌陷或表面凹凸不平，体积膨胀小。与面包坯的重量相比，烤模体积越小，烤出的面包气孔结构越均匀。烘烤中，面包气孔的最初形成是由面包坯中的小气泡开始的。

面包气孔的形成与炉温高低有密切关系。炉温过高，面包坯入炉后会形成较硬的壳，限制了面包内部气孔的膨胀；面包内部产生的热膨胀压力过大，也可能造成气孔破裂，聚结形成厚薄不匀、不规则、粗糙的面包结构。因此，适当的炉温对面包气孔的形成非常重要。理想的气孔结构应当是壁薄，气孔小且均匀，形状稍长，手感柔软且平滑。

6. 重量变化

面包坯烘烤中，重量减少，主要是由水分的蒸发引起的。造成重量减少的原因除了水分外，还有少量酒精、二氧化碳以及其他挥发性物质。面包坯的重量损耗一般为 10% ~ 13%。

二、影响硬质面包成熟的因素

影响硬质面包成熟的主要因素有温度、时间和湿度。硬质面包的烘烤温度相应低些，一般为 180 ℃ ~ 200 ℃。硬质面包在烘烤时还有相应的湿度要求。硬质面包是烘烤温度最低、时间最长的品种之一，烘烤时应根据制品的大小、重量、配方成分等因素来确定烘烤时间。一般情况下，重量在 1 000 g 左右的硬质面包，烘烤时间为 30 ~ 60 min。

1. 温度

硬质面包的烘烤温度比软质面包的温度低，一般为 180 ℃ ~ 200 ℃，这是根据硬质面包的性质决定的。炉温过高，硬质面包表皮形成过早，限制了面包的膨胀，容易造成面包内部尚未完全成熟，但表皮颜色已太深的不良结果。相反，温度过低，面粉中酶的作用时间延长，面筋凝固随之推迟，造成面包烘烤时间延长，水分蒸发过多、表皮干硬、制品颜色较浅的不佳结果。

2. 时间

硬质面包的烘烤时间取决于面包体积大小、重量、配方成分等因素。一般情况下，重量在 1 000 g 左右的硬质面包，烘烤时间为 35 ~ 60 min。在所有的面包种类中，硬质面包是烘烤温度最低、时间最长的品种之一。

3. 湿度

烘烤硬质面包时，一般对湿度的要求比较简单，正常烤箱内的湿度已能满足硬质面包的需要。但要注意，在烘烤过程中，不宜频繁地打开烤箱炉门，否则会造成炉内湿度过早、过快降低，使成品较干硬，影响成品质量。

三、硬质面包成熟的鉴定

1. 面团在烘烤中的变化

在烘烤过程中，面坯所吸收的传导热、对流热以及辐射热开始变化，随着温度的变化，面坯中的各种成分也开始发生变化。

（1）水分的变化。面坯在烘烤过程中水分大量蒸发，面坯中的水分分布变为不均匀。面坯表皮很快形成一层较硬的皮层，它阻止了水分的继续扩散，面坯中间的水分向内部中心转移，至烘烤结束时，中心水分会比原来的水分略有增加。

（2）体积的变化。面坯进入烤炉后，最明显的变化是面坯体积的增大。面坯在烘烤中体积的变化分为两个明显的不同阶段。

缓慢膨胀阶段。烘烤初期，面坯受热，使面团气泡中气体压力逐渐增加，体积均匀而缓慢地加大。这种膨胀是酵母在其钝化温度以下时，活力不断增加，产生二氧化碳气体进入气泡而膨胀的结果。

急速膨胀阶段。当面团的缓慢膨胀阶段进入一定程度时，会发生突然的体积膨胀，出现面包顶部一侧突然大幅度升高，面包表皮断裂，形成带有竖条纹的裂面，使面团体积增加的总量达到原体积的30%。

（3）淀粉的糊化。面包面团在烘烤时温度逐渐升高，当升到60 ℃左右时，淀粉颗粒大量吸水，并开始糊化。淀粉糊化的程度与它所吸收的水分和糊化温度有关，水分越多，糊化越完全。

（4）面筋的凝固。淀粉糊化的水分来自面筋，面筋失去水分，并且在热作用下开始变性，最后完全失去水分而凝固。面筋的凝固作用大约在74 ℃开始，直至烘烤结束，在此过程中，面包的面筋物质由原来柔软而富有延伸性结构转变为半坚硬的弹性薄膜结构。

2. 成熟的鉴定

面包烘烤是否成熟，主要依靠面坯在高温下产生的非酶褐变，它包括美拉德反应和焦糖化反应。面坯表皮从150 ℃～160 ℃开始发生美拉德反应而产生褐变，使面包开始产生漂亮的颜色，产生诱人的香味。当温度超过200 ℃后，面坯会发生焦糖化反应。因此，看面包是否成熟主要是看面包的颜色和风味。

实训任务二　脆皮面包的成熟

脆皮面包的成熟方法是烘烤成熟，但烘烤的要求与一般面包有区别，它要求制品在烘烤前烤箱内有充足的水蒸气，保持较高的湿度，使热空气能良好流动，有利于面包的受热、胀发均匀。在脆皮面包烘烤的后期，要适当降低烘烤温度，最好是排出多余热气，以保证脆皮的顺利形成。

脆皮面包的烘烤成功与否与烤炉的类型有关，脆皮面包使用远红外平炉烘烤为好。现代先进的远红外平炉具有上下炉温控制、时间控制以及蒸汽喷射装置，为烘烤品质优良的法式长棍脆皮面包奠定了基础。

一、影响脆皮面包成熟的因素

烘烤温度与烘烤时间之间具有密切的关系，不可孤立地确定。通常的规律是，烘烤温度高，则烘烤时间要短些；反之，烘烤温度低，则烘烤时间要长些。对于脆皮面包的烘烤，大致有以下几种参考方法：

（1）烘烤温度设定为面火 190 ℃、底火 210 ℃，喷蒸汽 3～5 s，烘烤时间为 25～30 min。

（2）烘烤温度设定为面火 190 ℃、底火 220 ℃，喷蒸汽 3～5 s，烘烤时间为 25～30 min。

（3）烘烤温度设定为面火 190 ℃、底火 210 ℃，喷蒸汽 6～10 s，烘烤时间为 25～30 min。

（4）烘烤温度设定为面火 190 ℃、底火 220 ℃，喷蒸汽 6～10 s，烘烤时间为 25～30 min。

二、脆皮面包成熟的鉴定

1. 面团在烘烤中的变化

脆皮面包面坯在烤炉内经历膨胀阶段、定型阶段和上色阶段。

（1）膨胀阶段。脆皮面包面团表面用刀切口后，要迅速放入烤炉，防止面包塌陷。烘烤起初阶段，烘烤的温度面火低于底火，同时向炉内喷水或蒸汽，以增加湿度。这时，炉温较低，这样既有利于底火对面坯加热，表皮不会过早硬结，又可以促使面坯膨胀，增大面包体积。这一阶段占全部烘烤时间的四分之一。

脆皮面包烘烤入炉后的前 10 min 内，不要打开炉门，以防蒸汽逸出。

（2）定型阶段。采用高温烘烤的脆皮面包，面火、底火同时达到最高温度，有利于水分蒸发与面包定型成熟。这一阶段占全部烘烤时间的二分之一。

（3）上色阶段。烘烤最后阶段，适当降低底火，可以防止底部烤焦，面火高于底火，有利于面包上色。这一阶段占全部烘烤时间的四分之一。

2. 成熟的鉴定

脆皮面包在烘烤中，面坯中的氨基酸、糖类等物质经过美拉德反应发生褐变，产生诱人的色泽与香味。成熟时面包表皮颜色逐渐加深，最后达到所要求的颜色，同时面包的侧面达到一定的坚实度。刚出炉的法式长棍脆皮面包表皮硬脆、内部柔软，但受到外界低温的影响会遇冷收缩，表皮会发生无规则龟裂。

模块四

蛋糕制作与装饰

学习目标　明确戚风蛋糕的配方与主要原料特性，掌握蛋糕坯制作方法，能制作蛋糕；掌握蛋糕坯成型的工艺，能将蛋糕坯修成所需块形；掌握裱花蛋糕抹面方法，能用打发的奶油夹层、抹面；掌握花纹裱挤的工艺，能对裱花蛋糕进行装饰。

实训项目一　蛋糕坯制作

 **技能要求**

1. 能用分蛋法搅拌戚风蛋糕面糊。
2. 能用模具成型戚风蛋糕生坯。
3. 能用烤箱烤制戚风蛋糕。
4. 能用蛋糕坯卷制卷筒蛋糕。

相关知识

1. 戚风蛋糕的配方与主要原料特性。
2. 戚风蛋糕面糊搅拌的工艺方法。
3. 戚风蛋糕生坯成型的工艺流程和注意事项。
4. 戚风蛋糕成熟的工艺流程和注意事项。
5. 卷筒蛋糕制作的工艺流程和注意事项。

实训任务一　戚风蛋糕面糊的搅拌

　　戚风是英文 Chiffon 的译音。在蛋糕的制作过程中，需把蛋黄和蛋白分开，把蛋白搅拌得很柔软，口感湿润，我们将这类蛋糕称之为戚风蛋糕。

　　从蛋糕的性质与口感来比较，面糊类蛋糕使用固体油脂类较多，口感较重；传统的乳沫类蛋糕组织较软，但不够细密。戚风蛋糕则综合了面糊类蛋糕与乳沫类蛋糕的优点，把蛋白部分与糖一起按乳沫类蛋糕的搅拌方法打发，把蛋黄部分与其他原料按面糊类蛋糕的搅拌方法搅拌，最后再将二者混合起来。

　　戚风蛋糕质地非常松软，柔韧性好。此外，戚风蛋糕水分含量高，口感滋润嫩爽，存放时不易发干，而且不含乳化剂，蛋糕风味突出。

　　戚风类蛋糕的面糊是乳沫类和面糊类两种不同的面糊分别调制再混合而成，因此配方的制定不但要考虑这两种面糊本身的平衡，还需考虑混合后的平衡。首先确定面糊类和乳沫类两者之间的平衡。面糊类以小麦粉 100% 为基准，油脂的用量等于蛋或少于蛋的 10%，发粉的用量为 2.5%～5.0%，总水量包括牛奶、果汁等（不包括蛋黄）。总水量需根据蛋糕的种类来确定。一般较大、较厚的蛋糕总水量为 65% 左右，而体积较小和用空心模具所做的蛋糕，总水量为 75% 左右。因为所采用的都是新鲜带壳的鸡蛋，所以在使用时蛋白和蛋黄能全部用于同一配方中，不致在同一配方中有蛋白或蛋黄剩余，以免造成浪费。因此，原则上乳沫类中蛋白如果是 100%，则在称量蛋白时按需要的蛋白数量称出，剩下的蛋黄就作为面糊部分的用量，不必再斤斤计较蛋黄的多少（一般鸡蛋中蛋白和蛋黄的比例为 2:1，即使有差别，也不会太多）。

　　乳沫类蛋糕不像面糊类蛋糕，每样原料都要精确。乳沫类部分通常都以蛋白 100% 为标准，最高可用到 200%。在戚风类蛋糕配方中，乳沫类部分只有蛋白、糖和塔塔粉三种原料，一般蛋白为 100%，糖则为 66%。蛋白在搅拌时配以其量 2/3 的糖，这样打出来的蛋白韧性和膨胀性最佳。另外，再配以 0.5% 的塔塔粉，就完成了戚风类蛋糕乳沫类部分的配方平衡。

　　根据以上面糊类和乳沫类的分别配方再予混合便成为戚风蛋糕面糊单一的配方。配方中总蛋量为 150%，面糊类部分的糖量为 70% 左右，混合面糊中糖的用量最多等于蛋，或少于蛋量的 30% 以下，无一定的用量标准，应视实际需要而定。根据经验，除了巧克力戚风蛋糕总糖量应为170%左右外（也就是乳沫类部分为66%，面糊类部分为104%），其余的戚风类蛋糕糖量都可为135%（也就是乳沫类部分66%，面糊类部分69%）。小麦粉和油脂则列在面糊类部分。这样就完成了戚风类蛋糕初步的配方平衡。

戚风蛋糕的种类很多，除了巧克力戚风蛋糕在配方制定上应注意可可粉的使用，必须调整配方中的糖量和总水量外，其余如各种水果味戚风蛋糕只需依照标准配方视所采用水果的酸度，在总水量部分增减其果汁的用量即可，这样就可做出不同的水果戚风蛋糕。

一、戚风蛋糕的配方

戚风蛋糕的面糊综合了面糊类蛋糕与乳沫类蛋糕的制作工艺，又区别于面糊类蛋糕和乳沫类蛋糕。制作戚风蛋糕时应先将蛋黄、蛋白分开，然后再将两种质感截然不同的面糊拌匀在一起，最后制作出组织与口感绵密松软、柔韧性好、水分清淡的一种清蛋糕。戚风蛋糕存放时不易发干，而且蛋糕风味突出。戚风蛋糕的配方，见表4-1。

表4-1　戚风蛋糕的配方

原料名称	配比（%）	原料名称	配比（%）
低筋面粉	100	牛奶	50
蛋黄	50	蛋白	100
盐	1	塔塔粉	1
液态油	50	细砂糖	60

二、戚风蛋糕的主要原料

制作戚风蛋糕必须选用新鲜的原料，否则不但影响蛋糕的品质，而且容易产生各种不确定因素。

1. 面粉

选用新鲜度良好的低筋面粉，蛋白质含量为9%~10%。若用陈旧或品质不佳的面粉制作戚风蛋糕，可能会影响其成品的外观和口感。

2. 砂糖

应选利用细砂糖来制作戚风蛋糕。因粗砂糖不易溶于面糊，所以制作蛋糕不宜使用粗砂糖，应选细砂糖或糖粉。砂糖在蛋糕内不仅能提供甜味，还能够保湿，使蛋糕保持较长时间的湿润，延长蛋糕的保存期限。

3. 鸡蛋

选用新鲜鸡蛋是制作戚风蛋糕的主要条件，也可选用已经分离好的蛋白和蛋黄来操作。蛋白内不宜有蛋黄、油脂以及其他杂质的存在，否则会影响蛋白的起泡性。蛋白最佳的起泡温度为 17 ℃ ~ 22 ℃，如温度过高，在搅拌前应将蛋白放入冰箱冷藏。而用于面糊的蛋黄，温度不宜太低，保持在室温即可。

4. 油脂

为了使面糊容易搅拌且混合均匀，制作时适合使用液态油。较理想的油脂为色拉油或已融化好的黄油，因二者不含其他不良味道，色泽纯净所以是制作戚风蛋糕的理想油脂。

5. 牛奶、果汁

牛奶和果汁可以替代或者部分替代配方中的水，这样可以提高制品的风味。制作蛋糕时可以将奶粉还原成牛奶来使用，或者可以使用稀奶油（淡奶油）。果汁种类繁多，甜度、浓度差异甚大，但无论选用何种果汁，都必须调整稀释到合适的浓度才可使用。牛奶与果汁不可同时使用，否则牛奶遇上酸性果汁会凝散而无法溶解。

6. 复配酸度调节剂（塔塔粉）或柠檬酸

塔塔粉或柠檬酸可中和蛋白中的碱性物质，降低其 pH 值，并可增加泡沫韧性，从而有助于提高蛋白的起泡性和泡沫的稳定性。

三、戚风蛋糕加工中的注意事项与问题解决办法

1. 戚风蛋糕加工中的注意事项

（1）制作戚风蛋糕时，蛋白的搅打程度应控制在软峰阶段，即以蛋白膏的峰尖略为下弯为宜。蛋白的搅打程度对戚风蛋糕的质量有重要影响。搅打不足，蛋糕体积小，不疏松；搅打过度，由于蛋白膏太硬，与蛋黄部分不能均匀混合，导致成品的质地变差。

（2）塔塔粉的作用在于稳定蛋白泡沫。塔塔粉是一种有机酸盐（酒石酸氢钾），它可以使蛋白膏的 pH 值降低为 5 ~ 7，此时蛋白泡沫稳定。塔塔粉的加入量为蛋白量的 0.5% ~ 1%。

（3）糖可增加蛋液的黏度，使泡沫稳定。但如果黏度太大，蛋液不容易充分发泡，会使搅打时间延长。故搅打时，一般后加糖，这样打出的蛋白膏体积较大，但为了安全起见，糖不宜加得太迟。

（4）油脂具有消泡作用。在制作乳化海绵蛋糕时，加入蛋糕油可以抵抗油脂的消泡作用。由于制作戚风蛋糕不加蛋糕油，所以要注意油脂的影响。在分蛋时，蛋黄中不能混入蛋白，因蛋黄含有较多的脂肪。另外，搅打蛋白的设备（搅拌缸、搅拌器）事先应清洗干净。

（5）蛋黄与糖、油、牛奶等要搅拌均匀，最好将所有的液体和晶体混合融化后，再加入面粉，尽量减少面粉吸水的机会。另外，搅拌蛋黄糊的手法不要采用转圈的方式，要采用上下拌和的方式，减少面筋出现的机会。

（6）戚风蛋糕生产时，蛋白的温度控制非常重要，蛋白最适合搅打的温度应为17 ℃，打发好的蛋白膏温度为21 ℃左右。温度过低，蛋白打发体积不够；温度过高，打发蛋白膏体积过大，泡沫不稳定，最终导致蛋糕体积变小。

（7）塔塔粉的加入与鸡蛋存放时间长短有关，鸡蛋存放时，蛋白逐渐分解变稀，稀蛋白起泡性好，但稳定性差，应加入2% ~3% 的塔塔粉以稳定蛋白泡。

（8）打蛋白时加入糖的时机。糖对蛋白泡沫有稳定作用，但也会阻碍起泡，所以糖加入的时机十分重要，如过早加入糖，则起泡较慢，泡沫体积不足，所以，打发蛋白时，一般在泡沫起发至1/3 ~1/2 时，加入细砂糖。

2. 戚风蛋糕的质量分析与常见问题解决方法

戚风蛋糕在制作过程中最常出现的是回缩和膨胀程度不够两种质量问题，其原因与解决办法如下：

（1）配方里油、水太多，又没有加适量的泡打粉，与没有及时倒扣一样，会被自身重量压塌。

解决的办法：调整配方。

（2）面糊出筋，凉后回缩。

解决的办法：用低筋面粉，或者用80% 的中筋粉混合20% 的玉米淀粉。在操作时注意：加蛋黄前面糊不要多搅拌，用打蛋器转6 ~7 圈就可以了，不均匀不要紧，加蛋黄后再多搅拌一会儿，至均匀稀糊即可。蛋黄糊和蛋白糊搅拌时也要注意轻拌，上下翻拌，而不是绕圈拌。

（3）蛋白消泡：打发不足、打发中断停留一段时间后再打、打蛋时间过长、加糖时机不对等，都不容易达到干性发泡，这样蛋白泡沫不稳定，容易消泡，气孔减少，导致蛋糕糊体积减小，熟后的蛋糕体在凉后还要回缩。消泡后的蛋液容易沉淀，烤中变成布丁层，这也是蛋糕回缩的可能原因。

解决的办法：

①打蛋器、打蛋盆要干净，不能有水和油，最好用不锈钢打蛋盆。

②蛋要新鲜，但要经过冷藏。蛋白、蛋黄分得干净，蛋白里不能留有一丝蛋黄。

③加糖、白醋（塔塔粉）以及玉米淀粉可以起到帮助打发、稳定泡沫的作用。

④开始低速打，粗泡后开始加 1/3 的糖、白醋（塔塔粉）以及玉米淀粉，中速打发，中间加第二第三次糖等材料，连续搅打，中途不要停留过长再打，直打到干性发泡。

（4）蛋黄糊没有搅拌均匀，油脂没有充分乳化，或者蛋黄糊和蛋白糊二者搅拌不匀，还有蛋白糊消泡，这些情况都会因比重大的成分下沉，烤后形成布丁层，导致蛋糕膨胀不足。

解决的办法：掌握好搅拌要领，动作轻，速度快，但一定要拌匀。

（5）所用模子的壁防粘，或者在模壁上涂油，或者模子内壁没有洗干净、有油层，都会造成附着力不足，烤制时蛋糕糊无法攀爬长高，蛋糕始终都长不起来。

解决的办法：拒绝使用防粘模，保证模子内壁无油。

（6）底火太大，容易导致底部上缩，倒扣完取出时，发现底部上凹，形成倒环形山状的窟窿。模具底部涂油也可能出这个问题。

解决的办法：降低下火，或者烤模放在烤箱更上一格，或者烤模改放在烤盘上，或者同时降低上下火。

（7）没有完全烤熟就中止烘烤，亚成熟也是蛋糕回缩的常见原因。

解决的办法：完全烤熟，如果怕表面烤焦。可以降低温度，延长烘烤时间，或者上表面加盖锡纸（但别封住，避免闷烤）。常用的检查方法是牙签插入，看有没有蛋糕被粘出来。有经验的可以用手拍蛋糕表面，没有明显沙沙声，回弹好，不留手印，即可。

（8）烘焙过程中温度降低过快，包括短时调温降得过多、开炉门时间过长，次数过多，有时上方加盖厚大的冷烤盘或过大过厚的锡纸，对蛋糕也会有影响。

解决的办法：避免炉内温度骤降。在蛋糕长高阶段特别注意：避免开炉门，慎重调温。前半程见蛋糕停止长高、反缩，就要适当加温。

（9）烤的时间过长，水分流失多，也会缩。

解决的办法：避免烤的时间过长。

（10）出炉后没有及时倒扣，因为戚风油水量大，在冷却定型过程中下部气孔容易被压扁，下半部变得紧密瓷实，蛋糕体积缩小，表面回缩。

解决的办法：出炉后及时倒扣，直至冷却。

四、戚风蛋糕面糊分蛋搅拌法的工艺方法

分蛋搅拌法是指将蛋白与蛋黄分别置于两个搅拌盆内，分别搅拌打发，待打发后，再混合为一体的方法。

（1）分蛋搅拌法的工艺流程。

①原料的选择与预处理。根据配方称取出原辅料，将鸡蛋外壳洗净，晾干，然后去壳取蛋液，置于不锈钢盆中，备用。将面粉、泡打粉等粉末状原料分别过筛，然后按需要量称取，混匀，备用。

②把蛋白、蛋黄分别置于两个容器内，备用。

③蛋黄面糊搅拌。将液态油、牛奶或果汁、糖粉、盐拌匀，加入过筛的面粉后，再加入蛋黄拌匀至面糊光滑细腻，不见生粉，备用。

④搅拌蛋白膏。将蛋白与1/3的细砂糖混合，用球形搅拌器中速搅拌打发至蛋白出现不规则的大泡，再加入剩余的细砂糖，继续搅拌。搅拌打发至蛋白体积膨胀，且泡沫变得更加细腻，球形搅拌器带着泡沫竖起，泡沫顶端呈钩状即可。

⑤蛋白、蛋黄面糊混合。将1/3蛋白软性发泡料和蛋黄面糊拌匀，再加入剩余的2/3蛋白软性发泡料，将两种面糊用手或半圆形塑料刮板由下而上翻拌，搅拌至完全均匀、柔滑。

（2）分蛋搅拌法注意事项。

①制作面粉一般应选用低筋粉，因低筋粉无筋力，制成的蛋糕特别松软，体积膨大，表面平整。

②蛋黄和蛋白分开时，蛋黄内不得含有蛋白。因蛋白中含有水分，易降低蛋黄的稠度；蛋黄含有油脂成分，会影响蛋白的发泡力。

③搅打蛋白的器具必须洁净，不能沾有油渍，否则，会影响蛋白起泡。蛋白必须打

发到软性发泡，若搅拌打发过度，会形成过大的气泡，不利于与蛋黄面糊混合，而且也会影响蛋糕成熟后内部组织的细腻度。

④调制蛋黄面糊时，蛋黄宜在面粉拌匀前加入，这样易拌匀面糊，避免发生蛋糊黏结的不良现象。注意不要过多搅拌面糊，拌匀即可，以避免面糊产生筋力，影响质量。

⑤蛋白、蛋黄面糊混合时，动作应尽可能轻快，以免破坏面糊中的气泡。

五、戚风蛋糕分蛋搅拌法搅拌的温度和时间

（1）戚风蛋糕搅拌温度与面糊质量的关系。戚风蛋糕面糊要求在搅拌打发过程中，蛋白的温度控制为 17 ℃ ~ 22 ℃。若搅拌打发温度过高，蛋白胶体性能稀薄，充气减弱，不易保存空气；若搅拌打发温度过低，蛋白胶体浓稠，不易充入空气，对蛋白的发泡性会有所影响。蛋白的温度为 17 ℃ ~ 22 ℃，其搅拌打发后的体积为最大。

（2）戚风蛋糕搅拌时间与面糊质量的关系。戚风蛋糕面糊的搅拌时间过长，会破坏鸡蛋的胶体性能，影响蛋白薄膜的承受力和蛋白发泡力。蛋白打到软性发泡即可。如搅拌时间过长，泡沫坚硬，拌入面糊时操作困难，会导致面糊稀薄、气体散失；搅拌时间过长，还会使蛋白起泡变成干性发泡，使成品内部组织结构过度疏松而达不到细腻的质量要求。

六、戚风蛋糕分蛋搅拌法的调制原理

1. 蛋白的起泡性

蛋白经过急速搅拌打发具有良好的起泡性。将蛋黄、蛋白分开搅拌打发的方法，能让二者充分地发挥各自的特性和作用。单独搅拌打发蛋白，不会受到其他不利因素的影响，使蛋白起泡呈现最佳状态，也使分蛋搅拌的蛋糕比全蛋搅拌的蛋糕更加细腻柔软，富有弹性。

2. 蛋黄的乳化性

蛋黄中的卵磷脂具有亲水和亲油的双重性能。因此，能在蛋糕中使蛋糕坯的质感细腻、气泡均匀。

七、油脂与蛋液质量的关系

在搅拌鸡蛋液的过程中，如果存在油脂，则蛋白中球蛋白和胶黏蛋白的特性将被破

坏，蛋白失去应有的黏性和凝固性，使其起泡性受到不良影响。这种现象的原因是油脂表面张力大，蛋白膜很薄，当油脂和蛋白膜接触后，油脂的表面张力大于蛋白膜本身的张力，蛋白膜会被拉断，气泡很快消失。因此，油脂是消泡剂，在单独搅拌打发蛋白时，如果容器中有油脂，也会影响蛋白的起泡质量。

八、烘烤温度、烘烤时间与戚风蛋糕成品质量的关系

戚风蛋糕用蛋白、蛋黄分开搅拌打发后，内部组织相当疏松，而且含水量与含油量比一般的面糊蛋糕要多。在烘烤过程中水蒸气受热膨胀导致蛋糕体积膨胀。如果戚风蛋糕没有烘烤透就出炉，冷却后水蒸气又凝结成水分，渗入蛋糕底部，会导致蛋糕塌陷。如果烘烤温度过高，蛋糕表皮形成过早，会使蛋糕表面开裂，外焦里生。因此，戚风蛋糕表面着色后要关掉面火或降低面火，用底火低温烘烤，才能保持制品的成熟和内部组织细腻，湿润柔软。

实训任务二 戚风蛋糕生坯的成型

一、戚风蛋糕生坯成型的工艺流程

（1）模具成型。清洁蛋糕模具，将面糊倒入模具内占模具的70%~80%为宜，将面糊表面刮平。轻轻振动模具，排出气泡。

（2）烤盘成型。清洁烤盘，将油纸铺在烤盘内，用手沿着烤盘将油纸紧贴着烤盘，将面糊倒入烤盘内，将面糊表面刮开、刮平，轻轻振动烤盘，排出气泡。

二、戚风蛋糕生坯成型的注意事项

（1）正确选用模具。成品用作蛋糕坯的，可用专用的活动底可脱卸的蛋糕模具。模具不能抹油，否则成熟后的蛋糕坯容易收缩。

（2）注模时还应掌握好灌注量，一般以填充模具的70%~80%为宜。

（3）在面糊装入模具后将模具轻轻敲拍一下，让蛋糕内的气泡均匀稳定，使蛋糕坯质感细腻。

实训任务三 戚风蛋糕的成熟

一、戚风蛋糕成熟的工艺流程

（1）设定烘烤温度、烘烤时间。上火为 170 ℃，下火为 150 ℃，时间为 45 min。将模具或烤盘放进烤炉。

（2）待烘烤至蛋糕饱满，呈浅棕黄色，轻轻按一下有弹性，或用竹签插入后，取出观察，无面糊黏附，可出炉。

（3）将出炉的蛋糕放置在不锈钢蛋糕叉上透气冷却，待蛋糕冷却后，用手的侧面轻轻按压、脱模。

二、戚风蛋糕成熟的注意事项

（1）蛋糕出炉后，应放置在不锈钢蛋糕叉或不锈钢平网盘上，目的是让蛋糕坯内的热气散发，以免收缩，待冷透后应及时脱模。

（2）烘烤的温度和时间应根据烤炉性能，产品大小、厚薄的具体情况做适当的调整。

实训任务四 卷筒蛋糕的制作

制作卷筒蛋糕的坯料可以选用戚风蛋糕、海绵蛋糕的坯料。手工卷制是将蛋糕坯料置于铺有油纸的操作台上，涂抹上夹馅料，借助工具，双手向前推动卷起成型。

一、卷筒蛋糕制作的工艺流程

（1）在烤盘成型的蛋糕坯上覆盖平网盘，将蛋糕坯翻面、冷却。

（2）揭去油纸，在操作台上铺油纸，并在油纸上面铺上蛋糕坯，在蛋糕坯上放上夹馅料，用弯形刮平刀将夹馅料涂抹均匀。

（3）从蛋糕坯一侧，用擀面杖提起纸的边缘部分，压紧，在将蛋糕坯向前推的同时，轻轻卷起，一定要卷紧无空心。

（4）整形。接口处朝下定型，将其切成所需的形状。

二、卷筒蛋糕制作的注意事项

（1）抹夹馅料时，必须抹平整，厚薄均匀。

（2）在卷制过程中，双手不要离开不粘布或油纸，用力应适度、均匀，否则蛋糕容易破裂。卷好的卷筒蛋糕卷口处应朝下，定型效果会更佳。

（3）卷制的产品粗细要均匀，不能有空心现象。分割切块时，切口距离应一致，大小、厚薄均匀。

三、卷筒蛋糕的夹馅

卷筒蛋糕常用的夹馅材料有果酱、果粒馅、卡仕达酱（奶黄馅）、布丁、软质巧克力、奶油膏、打发的稀奶油、植脂奶油等。夹馅方法一般是把夹馅料放在坯料上，用弯形刮平刀或抹刀将夹馅料抹平。

四、卷筒蛋糕的表面装饰

卷筒蛋糕常用的表面装饰材料有糖粉、可可粉、抹茶粉、坚果、干果、水果、奶油膏、软质巧克力酱、果膏、打发的稀奶油、植脂奶油等。

在卷筒蛋糕的表面可用筛糖粉、可可粉和抹茶粉；抹制和裱挤黄油酱、打发的稀奶油、植脂奶油；淋挂巧克力酱和果膏；点缀坚果、干果、水果等。

五、卷筒蛋糕切的基本操作手法

1. 切的种类

切是借助于工具将制品（半成品或成品）分离成型的一种方法。切可分为直刀切、推拉切、斜刀切等，其中以推拉切、斜刀切为主。不同性质的制品，运用不同切法，是提高制品质量的保证。

2. 切的方法

（1）直刀切是把刀垂直放在制品上面，向下施力使之分离的方法。

（2）推拉切是刀与制品处于垂直状态，在向下压的同时前后推拉，反复数次后切断的方法。切酥脆类、绵软类的制品一般采用此方法，目的是保证制品的形态完整。

（3）斜刀切是将刀面与操作台成45°角，用推拉的手法将制品切断。

3. 切的动作要领和注意事项

（1）直刀切是用笔直的刀向下切，切的同时刀不前推，也不后拉，着力点在刀的中部。

（2）推拉切是在由上往下压的同时前推后拉，相互配合，力度应根据制品质地而定。

（3）斜刀切一定要掌握好刀的角度，用力要均匀、一致。

（4）在切的时候，应保证制品的形态完整，要切得直，切得大小均匀。

实训项目二　蛋糕坯整形

能将蛋糕坯修成所需块形。

蛋糕坯修形的工艺流程和注意事项。

实训任务　蛋糕坯修形

一、蛋糕坯修形的工艺流程

（1）清洁操作台、锯齿刀和转台等，准备蛋糕坯。

（2）根据需要修整蛋糕坯轮廓。

（3）将蛋糕表面修整平整。

二、蛋糕坯修形的注意事项

待蛋糕坯冷却后再进行修整。

实训项目三　裱花蛋糕抹面

1. 能将蛋糕坯分层。

2. 能打发奶油。

3. 能用打发奶油夹层、抹面。

4. 能用抹刀、转台等工具抹平或抹圆。

1. 蛋糕坯分层工艺流程与注意事项。

2. 裱花间的卫生要求。

3. 奶油原料的特性和打发方法。

4. 夹层与抹面的原料、手法、工具。

5. 夹层与抹面的工艺流程和注意事项。

实训任务一　蛋糕坯分层

一、蛋糕坯分层工艺流程与注意事项

蛋糕坯分割和剖层的方法有机器分割剖层和手工分割剖层两种。

1. 机器分割剖层

（1）机器蛋糕坯分层的工艺流程。将蛋糕坯放入蛋糕锯片机的输送带，调节刀距，启动电源。

（2）机器蛋糕坯分层的注意事项。

①使用蛋糕锯片机时，应该注意操作安全和用电安全。

②蛋糕锯片机在使用前，应清洁干净，喷酒精进行消毒。使用后，应将残留在蛋糕

切片机输送带和锯刀片上的蛋糕屑清除干净。

③蛋糕锯片机调整刻度时，需要精确无误，确保分割剖层的蛋糕坯厚薄一致。

2. 手工分割剖层

（1）手工蛋糕坯分层的工艺流程。

①清洁操作台、锯齿刀和转台等，准备蛋糕坯。

②将转台放置在平整的操作台上，将蛋糕坯放置在转台正中，右手握住锯齿刀，左手张开五指轻轻压住蛋糕坯。

③右手拉动锯齿刀，左手一边压住蛋糕坯，一边轻轻转动，以此类推，一个夹层蛋糕需剖割 2~3 次。

④取 2~3 片厚薄一致的蛋糕，待用。

（2）手工蛋糕坯分层的注意事项。

①转台必须保持干净，转台不可用水清洗，以免轴承生锈，影响使用时的灵活性。

②手工对蛋糕坯进行分割剖层时，锯齿刀需保持水平状态，每片蛋糕坯应厚薄一致。

二、裱花间的卫生要求

1. 设备与工具的卫生要求

裱花专间使用的工器具、容器和机械设备应当符合有关卫生标准和卫生要求。使用后要清洗干净，做到无污垢、无异味并妥善放置。接触直接入口食品的工具、容器，使用前必须经过有效的消毒。

2. 裱花间操作环境的卫生要求

（1）裱花间为高级洁净区，应设置二次更衣室，专间内安装空调器、紫外线灭菌灯以及设有供洗涤的流动水和消毒池等卫生设施。

（2）裱花间内室温控制为 25 ℃以下。

3. 裱花工作人员操作时应当遵守的卫生要求

（1）穿戴洁净的工作衣、帽，头发应梳理整齐并置于帽内。

（2）不留长指甲、不涂指甲油、不戴外露饰品。

（3）操作前应洗手、消毒。

（4）进入裱花蛋糕冷加工专间时，必须第二次更换洁净的工作衣帽、戴口罩。

实训任务二　打发奶油

一、奶油和植脂奶油的打发

1. 奶油的种类

（1）奶油与人造奶油。奶油，又称白脱油、黄油，是由牛奶经分离、压炼而成的一种比较纯净的油脂。常温下为固体，呈淡黄色，高温加热软化变形。奶油中乳脂含量一般不低于80%，水分含量不得高于16%，含有丰富的维生素A、维生素D和矿物质。温度为28 ℃~33 ℃时奶油会融化，其凝固点则为15 ℃~25 ℃。奶油具有奶脂味，同时它还含有丰富的蛋白质和卵磷脂，具有亲水性强、乳化性能好、营养价值高的特点。奶油能增强面团的可塑性和产品的酥松性，使产品内部松软滋润。奶油经加工打发可用于蛋糕装饰，是西式面点中不可缺少的原料之一。

人造奶油是以氢化油为主要原料，添加适量的牛乳或乳制品、香料、乳化剂、防腐剂、抗氧化剂、食盐和维生素，是经混合、乳化等工序而制成的。它的乳化性、融化点、软硬度等可根据各种成分配比来调控，一般的人造奶油融化点为35 ℃~38 ℃。人造奶油具有良好的延展性，可塑性强，其风味、口感与天然奶油相似。

奶油与人造奶油的区别。奶油是从牛奶中分离出的乳脂，其脂肪含量很高，一般脂肪含量为80%~82%，可以含盐或不含盐，需加盐时其添加量为0.5%~2%。大多数奶油最大允许含水量为16%，还含有大约2%的非脂乳固体，奶油是制作油脂含量较高的蛋糕和奶油膏装饰料不可缺少的一种油脂。而人造奶油的主要原料是植物油氢化而成的氢化油和部分动物油。人造奶油用途很广，在蛋糕、西点、饼干等制品中的用量也较大。一般人造奶油含有80%~85%的油脂，其余15%~20%为水分、盐、香料等。人造奶油除口感略差于奶油外，某些特性（如稳定性）优于奶油，使用时一定要考虑其成分和产品特性，并做相应调整。

（2）稀奶油与植脂奶油。

①稀奶油，也称动物性鲜奶油、淡奶油、起沫奶油，是从鲜牛奶中分离出来的乳制品。一般呈乳白色稠状液体，乳香味浓且纯正，具有丰富的营养价值和食用价值。根据

稀奶油含脂率不同，可将其分为单奶油（含28%的奶脂）、双奶油（含48%～50%的奶脂）、起沫奶油（含38%～40%的奶脂）三种。这三种奶油都能搅拌打发至稠厚，稠度取决于奶脂含量。虽然双奶油可打发至最稠厚，但打成体积不经济。一般认为膨胀体积最为经济的是含脂率为40%的起沫奶油，它在西点中较为常用。

②植脂奶油又称人造鲜奶油，是用植物性脂肪代替乳脂肪而制成的。以植物油脂（氢化棕榈油、椰子油等）为主要原料，加入水、甜味剂、乳化剂、稳定剂等其他配料加工而成。目前在市场上广泛使用的大部分为植脂奶油，在制作各种卡通蛋糕、生肖蛋糕、艺术蛋糕、生日蛋糕、婚礼蛋糕以及各种小点心中，可以使产品具有造型逼真、色彩和谐、线条流畅、简洁明快、缤纷多姿、形象生动，富有艺术魅力的特点。

③稀奶油与植脂奶油的区别。稀奶油和植脂奶油的来源截然不同，稀奶油来源于牛奶，而植脂奶油来源于植物油。二者使用时，打发也有区别。稀奶油打发前应冷藏在2℃～5℃的冰箱内，不能在冰箱内冷冻存放，否则会破坏稀奶油的品质。其打发的温度在10℃以下。打发后的稀奶油不能放在常温下，应在4℃左右的冰箱内冷藏保存，封好保鲜膜。打发后的稀奶油，其稳定性只能保持4 h左右。因此，要注意打发时间不宜过早，并应在打发后尽早使用。而植脂奶油应储存于－18℃的冰箱内，打发之前先置于2℃～6℃冰箱内冷藏解冻，切不可用温水或在常温下解冻，否则会影响植脂奶油的品质。植脂奶油打发的最佳温度在7℃左右。打发后的植脂鲜奶油可冷藏保存在4℃左右的冰箱内，但时间不宜过长。植脂鲜奶油通常已经加糖，而动物性鲜奶油一般不含糖。

2. 机器打发奶油的工艺流程

（1）检查搅拌机，确保设备正常。

（2）将奶油（淡奶油或植脂奶油）从冷藏冰箱内取出，轻轻摇匀后，倒入冷却过的搅拌缸内。

（3）启动搅拌机，用球状搅拌器以中速开始搅拌打发，将奶油打发体积增大为50%～60%，细腻如膏，稠厚合适即可。

3. 机器打发奶油的注意事项

（1）搅拌缸必须洁净，不能有任何异物，并用沸水或酒精消毒。

（2）打发奶油时避免高温环境，否则奶油易化。打发好的奶油应立即使用，或者应放入冰箱冷藏，不能在室温下放置时间过久。

（3）对于无糖的稀奶油，在打发时可以直接加入糖粉或细砂糖。打发的稠厚程度可根据制作制品的要求掌握。

二、奶油膏的调制

奶油膏又称黄油浆、黄油膏、糖水奶油膏。它是奶油或人造奶油经搅拌加入糖水而制成的半成品，多用做装饰蛋糕制品的装饰料。奶油膏具有良好的可塑性、融合性和乳化性，而且其细腻、稳定、保形效果好、易于操作。制作奶油膏的方法多种多样，普遍制作的主要是蛋白奶油膏、蛋黄奶油膏、全蛋奶油膏和糖水奶油膏等。

糖水奶油膏是黄油加糖水打发而成的，可加入白兰地以增加风味。糖水是由水、砂糖、柠檬酸或新鲜柠檬制成的，其配比为水∶砂糖∶柠檬 = 1∶1.6∶0.4。糖水奶油膏的基本配方为黄油或人造奶油∶糖水 = 1∶0.6。

奶油膏是制作西式面点的主要原料，尤其在欧洲各国的点心制作中它占有重要的地位。用奶油膏制作和装饰的各类点心，美观、香甜、柔软，深受消费者的欢迎。

实训任务三　夹层与抹面

一、夹层与抹面的原料、手法、工具

1. 夹层与抹面的基本原料

夹层料包括果酱、果粒馅、卡仕达酱、布丁、布蕾馅、水果丁等。常用抹面料包括打发的植脂奶油、奶油膏、稀鲜奶油、巧克力酱以及果膏等。抹面料也可用于夹层。

2. 夹层与抹面的基本操作手法

抹是将调制好的糊状原料用工具平铺、抹制均匀、平整光滑的过程。抹制蛋糕是对蛋糕做进一步装饰的基础，蛋糕在装饰之前必须先将涂抹料（如打发的植脂奶油或奶油膏）平整均匀地涂抹在蛋糕的表面，为造型和美化创造有利的条件。抹的基本要领是手握抹刀要平稳，用力要均匀，同时正确掌握抹刀的角度，以保证抹面的光滑平整。

夹层是在两片或多片蛋糕坯之间放置夹层料，并用抹刀将夹层料涂抹均匀。其手法与抹面大致相同。

3. 夹层与抹面的基本工具

（1）抹刀。抹刀是装饰蛋糕用的一件不可缺少的工具。它由弹性好的不锈钢薄板制成，无锋刃，适用于涂抹蛋糕和调色用。抹刀有多种尺寸，一般抹刀刀口长 20 cm 左右。抹刀的弹性不能过强，也不能太软，太强、太软都不便于操作。抹刀要保持整洁、干燥、光亮。

（2）塑料刮片。塑料刮片可用于蛋糕的表面或蛋糕周围的抹面。在抹面时，弯曲塑料刮片可以在蛋糕上部边角获得圆弧形状的装饰效果。

（3）齿形刮板。齿形刮板可在抹制完成的蛋糕表面刮出各种花纹。

（4）橡胶刮刀。橡胶刮刀可拌和原料，方便从搅拌缸中取出打发的抹面料、夹层料，它是蛋糕夹层、抹面的常用工具。

（5）转台。转台由旋转面和带轴的底座两部分组成。它可用于承受蛋糕的重量，以任意的速度左、右方向旋转，是装饰蛋糕不可缺少的器具。转台在使用前以及清洁干净后应喷洒酒精消毒。使用后的转台应用抹刀刮去残留物，再用热毛巾擦拭干净。

二、夹层与抹面的工艺流程

1. 夹层

将转台放置在平整的操作台上，取一片蛋糕坯放置在转台正中。取出夹层料放置在蛋糕坯上，左手转动转台，右手握住抹刀，进行涂抹。将第二片蛋糕坯放置在涂抹好的第一片蛋糕坯上，再加入夹层料，继续涂抹均匀。将第三片蛋糕坯放置在涂抹好的第二片蛋糕坯上，将三片蛋糕坯叠放整齐，用抹刀刮去周边多余的夹层料。

2. 抹面

将转台放置在平整的操作台上，将夹完层的蛋糕坯放置在转台正中。取出涂抹料，放置在蛋糕坯的表面，左手转动转台，右手握住抹刀，进行均匀涂抹，将蛋糕坯的表面刮平整。继续取涂抹料，抹制蛋糕坯的侧面，将蛋糕的侧面抹至光滑不露馅。再次用抹刀刮去多余的涂抹料，刮平蛋糕表面，刮净残留在蛋糕底部和转台上的涂抹料，取出抹制好的蛋糕坯。

三、夹层与抹面的注意事项

（1）使用转台时，用左手转动转台，按一个方向旋转，速度要均匀，并与抹刀配合，掌握好缓急。

（2）手握抹刀要平稳，用力要均匀，并正确掌握抹刀的角度，以保证蛋糕坯抹制时光滑平整。在进行每次抹制前，一定要把抹刀上的涂抹料和抹刀上沾的蛋糕屑刮干净，以免重复涂抹在蛋糕表面上，造成抹面不平整光滑。

（3）蛋糕坯必须放置在转台的正中，以免偏离中心，否则会使蛋糕坯抹制时不圆整。

（4）在蛋糕抹制时，要保证整个蛋糕坯都抹上涂抹料，厚度约为 1 cm，蛋糕坯不可外露。最后整个蛋糕表面要光滑均匀，做到平整、圆整、规整。

（5）尽可能缩短抹制蛋糕坯的时间，抹制好的蛋糕如不及时装饰，需将蛋糕放入冷藏冰箱内保存。

实训项目四　裱花蛋糕装饰

1. 能用奶油裱挤花纹与简单图案。

2. 能用巧克力配件、水果、奶油配合进行蛋糕装饰。

1. 裱挤的工具、原料以及手法。

2. 花纹裱挤的工艺流程与注意事项。

3. 色彩的基础知识。

4. 蛋糕造型的构思和布局。

5. 蛋糕装饰的基本要求。

实训任务一　花纹裱挤

一、裱挤的工具、原料以及手法

1. 裱挤的工具

（1）裱花嘴。裱花嘴多由不锈钢片制成，其形状多样，规格大小不一，常用的有扁形、圆形、锯齿形等多种。与其配套使用的有裱花袋、花针、花嘴转换器、取花器、玉米托等。裱花嘴是裱挤各种图案、花纹和填馅不可缺少的工具之一。

（2）裱花袋。

①纸袋。自制纸袋的材料有两种：油纸和塑料纸。纸袋特别适用于精细线条的裱挤装饰。可以用一张 40 cm×60 cm 的油纸，将油纸从对角线处剪开，再折叠后剪开，这样就有大小两种尺寸的纸袋用纸。

②布袋。布袋由精密的纤维织成，并涂有防水、防油涂层，设有不同型号。可在锥形尖处剪去一小块用来放置裱花嘴，主要用于装饰料的裱挤和填馅。布袋可配各种裱花嘴使用。裱花袋使用后，用热水清洗干净，浸泡在消毒水里消毒，晾干后可以再用。

③一次性塑料裱花袋是由食品级塑料制成，使用后刮净多余的裱挤料，可直接丢弃，方便、卫生。

2. 裱挤的原料

裱制裱花蛋糕所用的原料一般为打发的植脂奶油、奶油膏、稀奶油、果酱、软质巧克力等。由于每一种原料的组织密度、软硬度、柔韧性各不相同，所以制成的成品效果也不一样，因此，操作时所用手的力度、蛋糕转台旋转的速度以及裱花嘴移动的速度也会不一样。

3. 裱花蛋糕裱型的基本操作手法

裱型又称裱挤，是对裱花蛋糕进行美化再进行加工的过程。也就是将装饰料装入挤花袋中，用手挤压，使装饰料从裱花嘴中被挤出，形成各种各样的艺术图案和造型。

裱型时要注意"四个度"，即手的力度、蛋糕转台旋转的速度、裱花嘴移动的速度、裱花嘴与蛋糕表面的角度，这些都与花纹、线条、图案有着紧密的关系。

裱花蛋糕的裱型包括裱花袋裱型和纸卷裱型两种方法。

（1）裱花袋裱型。将装饰料（如打发的植脂奶油等）装入带有裱花嘴的裱花袋中，使用不同的裱花嘴裱挤线条和花纹。线条和花纹要流畅、均滑。

抓捏力（即装饰料裱剂量的大小）与裱花嘴的移动，都和线条、花纹的粗细有很大的关系。因此，手的抓捏力与裱花嘴移动的配合相当重要。

裱花袋内裱装饰料不要太满，约为70%即可。裱挤的方法是用一只手的虎口捏紧袋口，另一只手托住裱花袋下方，裱花嘴和蛋糕平面应成45°角较为适宜，在不遮掩视线的条件下进行裱挤。

（2）纸卷裱型。纸卷裱挤的用纸，可用油纸和塑料纸。细花形或细花纹可用油纸或塑料纸卷后裱挤，将纸裁剪成三角，一手捏中点处，另一手将三角形的一边向内卷成尖锥形，放入约为60%的装饰料，上口包紧，不让装饰料溢出。根据线条、花纹的粗细剪去纸卷的尖部，捏住纸卷进行裱挤。

纸卷裱挤法主要用于裱制细线条、细花纹或文字，具体操作时也可以在纸卷内放入裱花嘴进行裱制。因此，要根据需要制作合适的纸卷。

二、花纹裱挤的工艺流程

制作裱花蛋糕时，首先要准备好所用的蛋糕坯，决定是做单层还是多层裱花蛋糕，然后解冻装饰料备用，而且还需准备蛋糕托盘。打发装饰料，将蛋糕坯按照制作裱花蛋糕的要求剖层，并用蛋糕的装饰料等夹层，将每层分别制作成半成品，抹面要平整、光滑，以利于裱花蛋糕裱型的操作。

（1）装裱挤料。在挤花袋内装入所需形状的裱花嘴，用左手虎口抵住挤花袋2/3处，翻下裱花袋内侧，将所需裱挤料装入裱花袋中，把裱花袋口卷紧，将裱花袋翻回原状，挤出空气，用右手虎口捏住裱花袋上部，紧握裱花袋。

（2）裱挤花纹。右手捏紧裱花袋，对着蛋糕表面用力挤出，缓速转动转台。裱挤料通过裱花嘴和操作者的手法动作，被裱挤形成花纹。

（3）裱挤线条。在裱花袋内装入所需形状的裱花嘴，装入裱挤料，用右手虎口捏住裱花袋上部，紧握裱花袋，由裱花嘴最初的一点开始，然后轻轻施压，将裱花袋提起一点，挂一丝在半空，压力在正要结束的一刹那间释放完。将裱花袋轻轻放低，将挂空的线条精确地放置在一定的位置上，完成裱制线条。

（4）裱挤玫瑰花。在裱花袋内装上玫瑰花裱花嘴。装入粉红色的裱挤料（取适量裱挤料，用红色食用着色剂拌匀成粉红色）。取一支竹签或筷子，先挤出花蕊，左手旋转筷子，右手裱挤花瓣，每片花瓣交错挤上，挤 9～10 瓣花瓣，用剪刀将整朵玫瑰花往上推移剪下，将玫瑰花移至蛋糕表面。

三、花纹裱挤的注意事项

（1）裱花袋内装入的裱挤料要软硬适中。装好裱挤料后，需挤出内侧空气，使裱花袋结实硬挺，便于裱挤。装入裱花袋或裱挤纸袋中裱挤料的量要适宜，为 70% 左右，装入过多或过少，都会直接影响到手的运动和用力的程度。

（2）裱挤时，要有正确的操作姿势与正确的操作手法。用力要均匀，双手配合要默契，动作要轻柔灵活。裱花袋上部的右手虎口要捏紧。

（3）裱制完后，将裱花嘴从裱花袋中取出，清洗干净，消毒后，晾干备用。

实训任务二　图案裱挤

一、色彩的基础知识

色彩是由于光的作用而产生的。各种物体因吸收和反射光量的程度不同，因而呈现出不同的、复杂的色彩现象，这样便产生了不同的色彩。有光，才有色彩。红的花或绿的草，只有在光的照射下，才能显出它的色彩，放在暗处就失去了色彩，而自然界的物体都有吸收和反射光的能力。光照射在物体上，被物体吸收，并反射出剩余部分，这就形成了人们肉眼所见的色彩。

1. 色彩的种类

（1）三原色。颜色的种类虽然很多，但是最基本的是红、黄、蓝，这三种颜色是能调和出其他色的基本色。

所有的配色按照一定比例，都可以调和成间色、同类色和调和色等。深浅、色泽的变化都可以通过调整比例而实现。因此，把红、黄、蓝三色称为三原色。

（2）间色。三原色中，任何两色按一定比例调和即成间色，间色也称第二色。如红加黄成橙色，黄加蓝成绿色，蓝加红成紫色。要调成间色，两原色的比例要适当，一般来说，调成橙色的，红、黄比例是5∶3；调成绿色的，黄、蓝比例是3∶8；调成紫色的，蓝、红比例是8∶5。

（3）同类色。把色相比较接近的颜色称为同类色，例如，红、紫、橙红等。在一种颜色中，把加入不同量的黑、白色所产生的深、浅不同的色相也称同类色，如红与深红、绿与墨绿、红与浅红等。

2. 色彩的属性

色彩是构图的重要元素，有色相、明度、纯度三个属性。

（1）色相。即色的相貌。可分为无彩色与有彩色，例如，黑、白、灰等色为无彩色；另一类，例如，红、橙、黄、绿、青、蓝、紫等色，为有彩色。

（2）明度。即色的明亮程度。黑最暗，白最亮，灰介于两者之间。任何颜色加入了黑色或白色，明度就会随之发生变化。

（3）纯度。即色调高低的程度为纯度。纯度最高的色为纯色，越接近纯色的色泽，纯度越高。例如，大红色纯度高于粉红、深红。

明确色彩的属性，在裱花蛋糕构图时可以根据实际的食用价值和艺术装饰的需要，合理选择运用、合理搭配。切忌乱用色泽而影响蛋糕的食用价值。

3. 色彩的特性

色彩的特性是人们对色的感觉、联想的一种心理反应，不同的色彩往往给人不同的感受。

（1）冷暖感觉。红、橙、黄的色相，给人一种温暖、热烈的感觉，称为暖色调；青绿、青蓝、青紫的色相给人一种寒冷、沉静的感觉，称为冷色调。

（2）胀缩感觉。明度高的暖色调给人一种膨胀的感觉，而明度低的冷色调给人一种紧缩的感觉。

（3）动静感觉。暖色调给人兴奋的感觉，冷色调给人沉静的感觉。

按照色彩的这种特性，在设计裱花蛋糕图案时，可以根据不同主题与创意的需求，选择相应的色彩，体现主题和创意。

4. 色彩的应用

（1）对比色的应用。即两种不同的色泽相互衬托，如咖啡与奶白、红色与白色等反差较大、体现特色色彩的使用，有色彩鲜明、色相区别强烈的特点。这种方法在裱花蛋糕的装饰中可使蛋糕色彩富有对比性，图案更加清晰明朗。

（2）近似色的应用。同一色相近似色（如淡咖啡与深咖啡、粉红与淡粉红、绿与淡绿色等）的合理搭配，可以使裱花蛋糕的装饰更具有层次感、立体感，雅而不俗。

在装饰裱花蛋糕时，还常用两种不同色彩的近似色，如淡紫色与粉红色、咖啡色与淡黄色等相配合，给人一种和谐、高雅的美。

二、食品中色彩的形成

食品中的色彩主要来源于以下几个方面：

（1）食品中最理想的色彩是原料本身所固有的色彩。例如，蛋黄的黄色，樱桃、草莓的鲜红色，猕猴桃的翠绿色，糖粉的雪白色，咖啡、巧克力的本色等，这些原料色调自然，既安全卫生又富有营养。因此，在制作中首先应考虑的是利用原料固有的天然色彩。

（2）在食品制作的过程中，有时因原料的色彩不能满足创作的需要，需要借助食用着色剂。

食用天然着色剂都是从动植物组织中提取出来的，是食品的天然成分，使用安全，是着色剂的发展方向。

在选用人工合成色素时，必须严格按照国家规定的品种和限定的使用量使用规定的人工合成着色剂，苋菜红、胭脂红不超过 0.05‰，柠檬黄、日落黄、靛蓝不超过 0.01‰。使用人工着色剂装饰的食品，如果着色剂使用不当，会造成食品不卫生并影响食欲，甚至危害人体的健康。

（3）在加工过程中，可以通过工艺手段（如制品表面刷鸡蛋液、筛糖粉、巧克力和封糖经过调色的覆面、糖的焦化作用等）使成品着色，达到装饰效果。

实训任务三　裱花蛋糕的构思与布局

一、蛋糕造型的构思与布局

构思与布局是蛋糕造型艺术的创作过程，蛋糕造型必须首先确立主题，然后再在表现形式、色彩运用、布局等内容上进行构思、设计以及合理布局。

1. 构思

构思是裱花蛋糕艺术创作的前期准备，是创作前的立意。构思是创作中的准备工作之一，即确定主题后，做出表现的形式、相应的用料、合理的色泽搭配、适宜的器皿配备等方面的选择。

在确定主题的前提下，通过构思确立表现的内容与手法，这是制作蛋糕前的一个重要步骤。确立构思之后才可以进行裱花蛋糕造型的布局阶段。

2. 布局

布局在美术工艺中又称为构图，即在构思的基础上对蛋糕整体进行设计，包括蛋糕的整体图案，造型的用料、色彩，形状大小，位置的分配等内容的安排和调整。构图的方法有多种，包括平行垂线、平行水平线、十字对角、三角形、起伏线、对角线、螺旋线、S形线等各种形式综合运用构图，它们都会以不同的形式美给人以艺术的享受。

蛋糕的布局主要有如下三种表现方法：

（1）对称图案。这种方法是以对称图案的形式体现构图的，即上下对称、左右对称或四方对称等。对称图案要求造型的整体对称、端正，简洁美观，整个画面给人以端庄、清新的感觉。

（2）疏密结构平衡图案。疏就是要使图案的某些部分宽敞，留有一定空间；密就是使图案的某些部分紧凑集中。疏密结构平衡需在突出主题的同时，掌握图案结构的主要和次要关系、疏与密图案布局的平衡，避免蛋糕图案主次不分，布局过于稀散或过于紧密等不恰当的布局现象。掌握好疏密结构的平衡，要求蛋糕的图案合理、富有层次、统一、完整。

（3）拼摆立体造型。在裱花蛋糕立体造型中，要注意高与低、大与小拼摆的比例关系，色泽之间的合理拼摆，围绕立体造型的统一性和完整性要求，结合疏密结构平衡的原则设计与制作。设计与制作时要通过线条，花纹，字体的大小、粗细、长短，中英文的搭配，色彩的明暗增强蛋糕的立体感，达到突出主题、表现主题、简洁美观、富有创意的目的。

在构思、布局的基础上，进入蛋糕造型的制作阶段。这一阶段通过对蛋糕的裱挤、淋、包、点缀、雕塑等装饰工艺，使蛋糕造型图案形成具有审美意义的艺术作品。

二、蛋糕装饰的基本要求

（1）蛋糕装饰构图主题要鲜明，色彩搭配要协调，裱挤线条要流畅、均滑，造型要完美。蛋糕装饰除了要注重观赏价值外，也不能忽视其丰富的食用价值和营养价值。

（2）不同要求的蛋糕应具有不同的特色。例如，婚礼蛋糕可以白色为基调，白色代表纯洁；制作儿童生日蛋糕时，色彩要丰富些，使蛋糕显得活泼、可爱；制作巧克力蛋糕时多以巧克力本色为基调，运用近似色的装饰，使蛋糕显得庄重、典雅。

（3）装饰具有特定内容的蛋糕时，要根据不同国家和地区的习惯，根据特定内容的对象、用途、主题进行装饰。例如，复活节、感恩节、圣诞节等都有不同的制作要求，不同的国家、地区有不同的风俗，不同性别、不同年龄、不同层次的顾客都有不同的要求，这些内容在制作装饰中都需要考虑周到，避免发生不必要的误会。

（4）在装饰蛋糕时，色彩运用要避免颜色堆砌，凌乱繁杂。同时更要严格遵守国家颁布的《食品安全国家标准　食品添加剂使用标准》（GB 2760—2014）相关标准，切勿认为色彩越鲜艳、越浓越好。

模块五

-- 泡芙制作

　　　　　　　　明确泡芙的配方与原料特性，掌握调制泡芙面糊的方法，能调制泡芙面糊；掌握生坯成型的方法，能挤制泡芙生坯；掌握泡芙面糊成熟的方法，能用烤箱、油炸锅成熟泡芙面糊；明确泡芙装饰的方法，能进行较简单的泡芙装饰。

实训项目一　面糊制作

1. 能按泡芙配方配料。

2. 能调制泡芙面糊。

1. 泡芙的配方与原料特性。

2. 泡芙面糊烫制的工艺流程与注意事项。

实训任务一　泡芙的配料

泡芙也称为哈斗、气鼓或空心脆饼等。泡芙是用烫制面团制作的一种甜点。根据造型和表面装饰的不同，泡芙又可分为两类：圆形、表面用糖粉装饰的为泡芙；长形、表面用巧克力装饰的称为爱克力。此类制品坯可根据需要裱制成各类象形制品，例如，天鹅形等。

一、泡芙的基本配方

泡芙的基本配方，见表5－1。

表5－1　泡芙的基本配方

原料名称	配比（％）	原料名称	配比（％）
面粉	100	奶油	75
水	100	黄油	50
蛋液	180	糖粉	适量

二、制作泡芙的主要原料

（1）油脂。油脂是泡芙面糊中所必需的原料，油脂能使面糊松发、柔软。油脂的起酥性还能使烘烤后的泡芙外壳具有松脆的特点。泡芙面糊中的油脂可用奶油、猪油和植物油。

（2）水。水是烫制泡芙面糊的必备原料。水使泡芙面糊在烘烤过程中随温度的上升，产生大量水蒸气，充满在起发的面糊内，使泡芙膨大并形成中空的特性。

（3）面粉。面粉中的主要成分是蛋白质和淀粉。蛋白质在水温达到70 ℃时开始具有热变性，随着水温的升高，面团的延伸性、弹性和亲水性逐渐减弱，泡芙面糊变软，并缺乏筋力。淀粉在水温作用下开始膨胀，当水温达到60 ℃以上时，水分渗入到淀粉颗粒内部使其膨胀，随着淀粉颗粒体积不断增大，颗粒破裂，当破裂的淀粉颗粒相互粘连时，淀粉就产生了黏性，形成了泡芙的骨架。

（4）鸡蛋。鸡蛋中的蛋黄在烫熟的面糊中被充分搅拌，蛋黄的乳化性使泡芙面糊柔软、光滑。鸡蛋中的蛋白是胶体蛋白，具有起泡性，与烫制的面糊搅拌，使面糊具有延伸性，能增强面糊在气体膨胀时的承受力。蛋白质的热凝固性又对增大的体积起到固定作用。

实训任务二　泡芙面糊的烫制

一、烫制泡芙面糊的工艺方法

1. 油、水、盐的熬煮

将油、水、盐原料放入容器中，煮沸。

2. 面糊的烫制

待油脂完全融化后倒入过筛的面粉，用木质搅板搅拌，改为微火烫面，直至面团烫熟、烫透，离火，待冷却。

3. 面糊的搅拌

将鸡蛋分次加入已冷却且烫熟、烫透的面糊内，将二者搅拌均匀。分次加入鸡蛋后，面糊一定要搅透、搅匀。

二、泡芙面糊烫制的工艺流程

（1）将面粉过筛，备用。

（2）将水、盐、油脂一起放入锅内，煮沸至油脂全部融化。

（3）倒入过筛的面粉用搅板不停搅拌，随后改为中火，一边加热一边搅拌。

（4）把鸡蛋分次加入面糊中，搅拌面糊，至面糊呈均匀向下流的糊状即可。

（5）搅拌好的面糊冷却备用。

三、泡芙面糊烫制的注意事项

（1）可选用低筋粉或中筋粉，面粉要过筛，避免出现块状物。

（2）烫制面糊时，注意面粉要完全烫熟、烫透，防止面糊粘锅底。

（3）固态油脂要切成薄片入水煮，避免水沸而油脂还未融化。

（4）要待面糊冷却后，才能加入鸡蛋，每次加入鸡蛋前，面糊必须搅拌均匀后分次加入，避免出现凝散的现象。

（5）正确掌握面糊的稠度。面糊太稀，会出现成品塌陷、底内凹、外形差的质量问题；面糊太厚，会出现成品体积小、底部外凸、放置不稳等质量问题。因此，在调制面糊加鸡蛋液时，要逐次加入，最后加入时更要酌情添加，以免面糊过稀而导致成品塌陷。

实训项目二　生坯成型

能挤制泡芙生坯。

1. 泡芙面糊挤制的工艺流程与注意事项。
2. 泡芙面糊裱制的工艺流程与注意事项。

实训任务一　泡芙面糊的挤制

一、泡芙面糊挤制的工艺流程

（1）用汤匙取适量泡芙面糊。

（2）使泡芙面糊成圆球状。

二、泡芙面糊挤制的注意事项

（1）挤制成型的泡芙要求大小均匀一致。

（2）挤制面糊的汤匙表面淋少许油脂，避免面糊粘汤匙上。

实训任务二　泡芙面糊的裱制

一、泡芙面糊裱制的工艺流程

（1）将干净的烤盘刷上一层薄薄的油脂。

（2）将泡芙面糊装入带裱花嘴的挤袋中。

（3）将泡芙面糊裱挤在烤盘里，根据制品要求，裱挤成所需形状、大小均匀的半成品。

二、泡芙面糊裱制的注意事项

（1）裱挤泡芙面糊时，要注意大小均匀、形状一致。

（2）成型的制品需及时烘烤，否则表面结皮，会影响泡芙的膨胀度。如果确实不能进烤炉，则可在制品表面喷水或刷蛋液，保持表面滋润。刷蛋液时动作要轻，以免损坏制品的外观。

（3）烤盘刷油要适量。若在烤盘上刷油过多，烤盘的底盘油滑会造成成型困难；若在烤盘上刷油过少，制品成熟后与烤盘粘连，影响制品的完整。

实训项目三　生坯成熟

技能要求

1. 能用烤箱成熟泡芙面糊。

2. 能用油炸锅成熟泡芙面糊。

相关知识

1. 泡芙面糊烤箱成熟的工艺流程与注意事项。

2. 泡芙面糊油炸锅成熟的工艺流程与注意事项。

实训任务一　泡芙面糊的烤箱成熟

一、烤箱烘烤泡芙面糊的温度和时间

泡芙成型后，即可放入烤箱内进行烘烤。烘烤泡芙的温度为面火 200 ℃、底火 220 ℃。烘烤泡芙至金黄色，内部膨胀、起发。泡芙定型后将温度降为 200 ℃ 左右，继续烘烤至成熟为止。烘烤泡芙面糊的时间约为 25 min。

二、泡芙面糊烤箱成熟的工艺流程

（1）设定烘烤温度和烘烤时间。烘烤温度为 220 ℃，烘烤时间为 30 min。

（2）将裱挤好泡芙面糊的烤盘放进烤炉内。

（3）观察烘烤过程，确认产品成熟。

（4）将烘烤好的泡芙从烤炉中取出。

三、泡芙面糊烤箱成熟的注意事项

（1）开始阶段应避免打开烤箱门，以防温度降低，使得泡芙表面干硬，影响泡芙胀发。

（2）在烘烤过程中不要中途打开烤箱或使泡芙过早出炉，否则蒸汽逸出而造成泡芙膨胀不足，使制品塌陷、回缩。

实训任务二　泡芙面糊的油炸锅成熟

一、炸制成熟泡芙面糊的温度和时间

油炸泡芙面糊时，要求油温控制为六七成热，慢慢炸制成熟。按油炸泡芙面糊成熟度和颜色来控制，要求泡芙油炸至表面金黄色，内部熟透即可。

二、泡芙油炸锅成熟的工艺流程

（1）将油炸锅内油脂加热至六七成热。

（2）用汤匙法制作泡芙面糊。

（3）将成型好的泡芙面糊放入油炸锅油炸。

（4）油炸至泡芙表面呈金黄色、内部完全成熟，捞出即可。

三、泡芙油炸锅成熟的注意事项

要掌握好油炸泡芙的油温。油温过低会影响泡芙起发，容易使泡芙面糊内部含油脂量过高，从而不易炸熟、炸透；油温过高，易导致泡芙颜色深而内部不熟。

实训项目四　泡芙装饰

1. 能够调制泡芙所需馅心。

2. 能用巧克力对泡芙表面装饰。

3. 能够调制巧克力。

1. 稀奶油和果酱夹馅的方法。

2. 巧克力装饰泡芙表面的工艺流程与注意事项。

3. 巧克力的调制方法。

实训任务一　泡芙的夹馅

一、稀奶油夹馅的方法

稀奶油通过高速搅拌形成泡沫状，待用。夹馅的方法有很多种，在此列举两种方法：方法一，用刀在泡芙表面2/3处划一刀，将搅拌成泡沫状的稀奶油装入裱花袋，挤入泡芙内部；方法二，在泡芙底部用裱花嘴戳一小洞，将搅拌成泡沫状的稀奶油装入裱花袋，灌入泡芙内部。

二、果酱夹馅的方法

将果酱搅拌均匀，不能有块状、将果酱装入裱花袋内，挤入油炸成熟的泡芙内部。

实训任务二　泡芙的表面装饰

一、巧克力装饰泡芙表面的工艺流程

（1）将巧克力切成碎片放入小锅内，大锅内装入水加温，将小锅放入大锅内加热并融化巧克力。待巧克力完全融化后，取出小锅，放入冷水锅中冷却，再放入温水锅中升温至使用温度。

（2）泡芙冷却后挤入夹馅待用，将冷却好的泡芙表面粘、淋上融化好后的巧克力即可。

二、巧克力装饰泡芙表面的注意事项

（1）要掌握并控制好巧克力使用温度。巧克力的使用温度应控制为 29 ℃ 左右。

（2）等到泡芙完全冷却才能在泡芙表面粘、淋巧克力，同时避免多次反复装饰，以免影响制品的光亮度。

三、巧克力的调制方法

巧克力的调制方法包括基本调温法和微波炉调温法。

巧克力的基本调温法又称"双煮法"。使用一大一小两只容器，用小容器盛装切成碎片的巧克力，大容器盛装温度低于 50 ℃ 的温水。把盛有巧克力的小容器放入装有温水的大容器中，用温水传递热能，使巧克力完全融化。再将小容器移至盛有冷水的锅中，不断搅动，直到巧克力稍有凝稠，搅拌至 29 ℃（牛奶巧克力）或 30 ℃（纯巧克力）的使用温度。

微波炉加热是将电能转换成微波，通过高频电磁场对食物进行加热，使原料分子剧烈振动而产生高热。所以，可以利用这个特点在极短的时间内使巧克力融化并达到所需的使用要求。先将 2/3 左右的巧克力放入微波炉专用盛器内，用中温、快速融化后，在稍温热的情况下，加入未融的另外 1/3 巧克力，搅拌均匀，达到 29 ℃ ~ 30 ℃ 即可使用。

模块六

乳冻制作

学习目标　　明确乳冻的基本配方与原料特性，掌握乳冻的调制方法；掌握乳冻成型方法，能成型乳冻；掌握乳冻装饰的方法，能用巧克力、鲜奶油装饰乳冻。

实训项目一　乳冻调制

技能要求

1. 能按乳冻配方配料。

2. 能调制乳冻。

相关知识

1. 乳冻的基本配方与原料特性。

2. 乳冻调制的工艺流程与注意事项。

实训任务一　乳冻的配料

一、乳冻的基本配方

乳冻的基本配方，见表6-1。

表6-1　乳冻的基本配方

原料名称	配比（%）	原料名称	配比（%）
牛奶	120	水	20
稀奶油	90	明胶	10
白砂糖	13		

二、乳冻的原料

常见乳冻的用料一般包括稀奶油、牛奶、蛋黄、蛋白、糖、香精、明胶、巧克力等。有的根据制作品种和口味的要求，还要加入相应的其他原料，例如，水果汁、香草或调味剂等，以增加制品的风味特色和花色品种。另外，明胶是制作奶油胶冻不可缺少的原料，是促成混合物凝结，保持制品内部组织细腻的稳定剂。

实训任务二　乳冻的调制

乳冻的调制方法根据品种的不同有所差异。一般的规律是：将鸡蛋、稀奶油分别打起，牛奶煮开，明胶浸泡软化，隔水融化，备好其他辅料；最后根据制品种类、风味等特点，组合成奶油胶冻糊。

一、乳冻调制的工艺流程

（1）将牛奶和糖放入盛器内加热，并不断搅拌，至煮沸后关闭加热源，冷却后过滤。

（2）将稀奶油打发成泡沫，将打发的稀奶油和已冷却的牛奶等原料均匀搅拌在一起。

（3）加入融化的明胶搅拌均匀，制作成牛奶乳冻液，备用。

二、乳冻调制的注意事项

（1）搅拌奶油时打发的最佳温度为 2 ℃~4 ℃。若达不到最佳温度，易造成成品稠度不够，影响品质。同时，要掌握好打发奶油的速度和时间。

（2）加入融化的明胶、巧克力以及牛奶，必须冷却到适当的温度才能与打发好的奶油混合，否则会出现分离现象，使制品难以凝固，组织不细腻。

实训项目二　乳冻成型

1. 能用模具盛装乳冻。
2. 能用冰箱冷藏乳冻。

1. 乳冻盛装的工艺流程与注意事项。
2. 乳冻成型方法与注意事项。

实训任务一　乳冻盛装

一、乳冻盛装的工艺流程

（1）根据乳冻的要求，选择合适的模具。

（2）把乳冻倒入模具内，用保鲜膜包裹。

二、乳冻盛装的注意事项

（1）保持盛装乳冻的模具清洁。

（2）倒入模具的乳冻不要过多，以免在移动模具时，乳冻外溢，造成成品的形态不佳。倒入模具后，不能再搅拌，避免乳冻产生气泡，影响乳冻的美观。

（3）乳冻调制完毕后，要迅速倒入模具，以避免成型前凝固而影响制品的造型。

实训任务二　乳冻成型

一、乳冻成型方法

乳冻成型方法有多种，要根据制品的自身特点和一次生产的数量，灵活选择成型方法。一般情况下，乳冻成型的方法依照制品模具的不同而不同，但在相同的条件下，无论采用何种成型方法和模具，都必须在冰箱内冷藏成型。

定型方法也可灵活多变，不一定采用模具、容器定型的方法。有的用刻压法，将乳冻放到一个薄厚适合的长盘内，在冰箱内冷却成型后，用模具刻出所需的形态和大小，或者用刀直接切割出所需的形态。有的利用奶油乳冻的自身特点、形状，广泛地用于其他甜点的装饰与美化。

乳冻的冷却时间一般为 3~6 h，其冷却时间、凝固程度与配料中明胶的使用量有关。一般情况下，原料中明胶的量越大，所需的时间就越短，凝固程度相对稳定。但过量的明胶不仅影响成品的口味、口感，而且还直接影响到成品的质感和品质。此外，乳冻的冷却时间还与制品的大小、薄厚有着紧密的关系，体积越大、越厚，所需的时间就越长。

二、乳冻成型的注意事项

（1）乳冻的最后成型要在冷藏冰箱内完成。不能在冷冻冰箱内长时间冷冻，否则会影响乳冻的口感与质感。

（2）将已倒入乳冻液的模具转入冰箱时，应保持平稳。

（3）冷却时间还与制品的大小、薄厚有着紧密的关系，体积越大、越厚，所需的时间就越长。

实训项目三　乳冻装饰

1. 能用巧克力装饰乳冻。
2. 能用鲜奶油装饰乳冻。

1. 巧克力装饰乳冻的工艺流程与注意事项。
2. 巧克力装饰的特性。
3. 鲜奶油装饰乳冻的工艺流程与注意事项。
4. 鲜奶油装饰的特性。

实训任务一　巧克力装饰

一、巧克力装饰乳冻的工艺流程

（1）从冰箱内取出成型好的乳冻模具。

（2）脱模。可使用热水进行脱模，使乳冻不粘连模具。

（3）用巧克力装饰乳冻。

二、巧克力装饰乳冻的注意事项

（1）乳冻的色彩要和巧克力颜色搭配（例如，黑巧克力、牛奶巧克力、白巧克力），巧克力的装饰不宜过多，不宜太厚，不要喧宾夺主，不宜太夸张。

（2）避免用热的餐盆盛装乳冻，否则易造成成品底部受热融化，影响品质。

三、巧克力装饰的特性

（1）可可液块。可可液块是可可豆粗磨后的浆体，经冷却成为硬块状，它是加工巧克力产品的重要原料。可可液块呈棕褐色，香气浓郁略带苦涩味，含有较多的脂肪。

（2）可可脂。可可脂是从可可豆中榨取的硬性油脂，液态呈琥珀色，固态呈淡黄色或乳黄色，是巧克力制品中的凝固剂。可可脂的含量决定着巧克力制品的质量。可可脂在常温下呈固态，温度为 27 ℃时开始融化。在西点制作中，可可脂常用于稀释较浓的巧克力、馅料，或掺入可可脂含量较低的巧克力中，以提高品质，增加制品亮度。

（3）可可粉。可可粉是可可豆直接加工处理所得到的可可制品。可可液块经压榨除去部分可可脂即可得到可可饼，再将可可饼粉碎后，经筛分所得的棕红色粉状物即为可可粉。可可粉按其含脂量多少分成高脂、中脂和低脂可可粉。

（4）牛奶巧克力。牛奶巧克力是用牛乳固体、糖、可可液块和可可脂经混合、研磨、冷却等工序加工而成的。牛奶巧克力是西点制品不可缺少的原料，主要用于各种模塑巧克力、巧克力淋面、巧克力馅料的制作。

（5）黑巧克力。黑巧克力是用可可液块兑入糖和可可脂经长时间精磨后，凝结而成的大块或颗粒状巧克力。黑巧克力的用途最为广泛，可用于脱模巧克力、馅料、淋面、挤字和巧克力装饰花的制作等。

（6）白巧克力。白巧克力是把可可脂、糖和乳固体混合起来经过长时间精磨后，凝结而成的乳白色大块或颗粒状巧克力。常用于脱模、制作馅料、淋面和制作巧克力装饰片等。

实训任务二　鲜奶油装饰

一、鲜奶油装饰乳冻的工艺流程

（1）搅拌打发稀奶油，直至稀奶油打发。

（2）将打发的稀奶油装入裱花袋。

（3）根据需要裱挤，以点缀乳冻。

二、鲜奶油装饰乳冻的注意事项

（1）打发奶油时，控制好搅拌打发稀奶油的速度，开始时一定要慢速搅拌，要掌握好打发稀奶油的温度和时间，保证成品品质。

（2）挤的花形要和乳冻的造型相配，奶油以点缀为主，不要使用过多的奶油，以免造成喧宾夺主的感觉。

三、鲜奶油装饰的特性

植脂奶油也称植脂鲜奶油，是以植物脂肪为主要原料，添加乳化剂、增稠稳定剂、蛋白质原料、防腐剂、品质改良剂、香精香料、色素、糖和玉米糖浆、盐、水，通过改变原辅料的种类和配比，经过加工而制成的。

1. 植脂鲜奶油与稀奶油的区别

（1）成分上的区别。植脂鲜奶油的主要成分是植物脂肪和营养价值高的植物蛋白；而稀奶油是由牛奶中提取出来的乳脂肪经浓缩而成的，主要成分是动物脂肪。

（2）在功能特性方面的差异。植脂鲜奶油的成分中含有乳化剂、增稠稳定剂等，故其在稳定发泡性、保形性、保存性等功能特性方面均优于稀奶油，其主要用于制作蛋糕装饰和点心的夹馅料。

稀奶油源于自然，口味稍甜、奶香味醇正、营养价值高。

2. 植脂鲜奶油的使用方法

（1）植脂鲜奶油在使用前必须完全解冻，即提前将植脂鲜奶油放在2 ℃~7 ℃的冰箱保鲜柜中自然解冻24 h，直至完全解冻，在植脂鲜奶油中看不见冰块为止。不能采用微波和热水解冻植脂鲜奶油，其原因是微波和热水会破坏植脂鲜奶油中的碳水化合物、蛋白质等成分，使之发生物理和化学变性，破坏了其功能特性，那样植脂鲜奶油的质量将会受到严重影响。

（2）解冻完成，先摇匀后再开盒盖使用。

（3）在搅拌打发植脂鲜奶油的过程中，要保持2 ℃~7 ℃的温度，以保证搅拌打发的质量。

（4）将植脂鲜奶油放入搅拌缸内，加入量应为搅拌缸容积的20%左右。

（5）首先用高速搅拌打发，快搅拌打发好时改用中速，一般植脂鲜奶油的膨胀率为3~4倍，搅拌打发时间因不同品牌而略有差异。搅拌打发完成的标志是植脂鲜奶油由液体变为固体，表面光泽消失，有软尖峰形成即可。如果在植脂鲜奶油中加入水果、朱古力等配料，搅拌打发时间则应短一些。

（6）将搅拌打发好的植脂鲜奶油放在4 ℃~5 ℃的冰箱保鲜柜中储存，可使植脂鲜奶油持久新鲜。

（7）植脂鲜奶油在搅拌打发前可冷冻存放，在－18 ℃的条件下可冷冻保存12 个月；在0 ℃条件下可保存6 个月。应避免反复冷冻和解冻。搅拌打发后可在冰箱中冷藏保存。

模块七

---------- 安全生产

　　明确安全生产的基本概念，掌握设备、用电、燃气、器具的安全使用要点，能按照安全生产要求进行生产操作；了解安全管理制度的制定与食品企业常用的质量安全控制体系。

实训项目　安全生产认知

能按照安全生产要求进行生产操作。

1. 安全生产的基本概念。

2. 设备的安全使用。

3. 用电的安全。

4. 燃气的安全。

5. 器具的安全使用。

6. 安全管理制度的制定。

7. 食品企业常用的质量安全控制体系。

实训任务　企业安全管理制度的认知

一、安全生产的基本概念

为保护从业人员在生产过程中的安全与健康，预防伤亡事故和职业病，保证设备和工器具的完好，确保生产的正常进行，保证产品的质量，提高劳动生产率，获得最佳的社会效益、经济效益和环境效益，必须普及安全生产知识。

为了加强安全生产监督管理，防止和减少生产安全事故，保障人民群众生命和财产安全，促进经济发展，我国于 2002 年 11 月 1 日起施行《中华人民共和国安全生产法》，并于 2009 年 6 月 1 日起施行《中华人民共和国食品安全法》。

1. 安全生产的基本内容

西点食品制作行业安全生产必须着重考虑安全技术和卫生技术两个方面的要求。

（1）安全技术的基本内容。安全技术的基本内容主要有直接安全技术、间接安全技术和指示性安全技术三类。安全技术是为了预防伤亡事故而采取的控制或消除危险的技术措施。

①直接安全技术。直接安全技术是指从生产加工设备的设计制造、加工工艺和操作方法等方面采取安全技术措施。

②间接安全技术。间接安全技术是指安全技术不能完全实现本质安全时所采取的安全措施。

③指示性安全技术。指示性安全技术是指在有危险设备的现场提醒操作人员注意安全。

（2）卫生技术的基本内容。卫生技术的基本内容主要有厨房烟雾防治技术、防暑降温技术和照明技术等。卫生技术是为了预防职业病而采取的控制或消除职业危害的技术措施。

2. 安全生产的一般要求

（1）制定安全生产规章制度。企业应制定安全生产各项管理规章制度、消防安全制度、操作规程等，内容主要有安全生产责任制度、安全生产工作例会制度、安全生产检查制度、隐患整改制度、安全生产宣传教育培训制度、劳动防护用品管理制度、事故管理制度、岗位操作规程、企业消防安全制度等。

（2）提高操作者的综合素质。操作者应努力学习劳动安全知识，不断提高技术业务水平，自觉遵守各项劳动纪律和管理制度；遵守各工种的劳动技术操作规程，不违章作业，不冒险蛮干；爱护并正确使用生产设备、防护设施和防护用品。

（3）坚持安全监督与检查。企业应严格执行有关部门下达的《安全生产隐患整改监察意见书》和《整改指令书》等文件内容，限期整改，避免造成伤亡事故。

（4）提高安全防护水平。企业应按国家有关规定配置安全设施和消防器材，设置安全、防火等标志，并定期组织检验、维修。

（5）提高对职业病的预测与预防能力。企业应对员工进行定期体检，做到职业病早发现、早治疗。

二、设备的安全使用

西式面点的制作，需要配备与产品制作过程相适宜的场地和设备。在进行设备的布局时，应尽可能做到以下几点：

（1）装备水平先进、结构合理、制造精良，连续化、机械化和自动化程度较高的机械设备，具有较高的安全性和卫生要求。根据人类工效学原则，考虑机械设备对环境和操作人员的影响。

（2）烤箱等大型设备应安装在通风、干燥、防火、便于操作的地方，在车间内应尽量靠墙放置，设备之间应保持一定间距，便于设备保养和维修。

（3）燃气灶等设备不能安装在封闭房间内，应保持空气流通。

（4）电冰箱等恒温设备应避光放置，防止阳光直射而影响制冷效果。

三、用电的安全

（1）电气设备的安全保护装置。电气设备失火多是电气线路、设备的故障与不正确使用而引起的。为了保证电气设备安全，必须做到定期检查电气设备的绝缘状况，禁止带故障运行，防止电气设备超负荷运行，并应采取有效的过载保护措施。设备周围不能放置易燃易爆物品，应保持良好的通风。

（2）电气设备的安全使用。

①操作人员必须经过安全防火知识培训，会使用消防设施、设备。

②机械设备操作人员必须经过培训，掌握安全操作方法，有资质和有能力操作设备。

③电气设备使用必须符合安全规定，特别是移动电气设备必须使用相匹配的电源插座。

④经常保持烤箱的清洁，清洗时不宜用水，以防触电。

⑤按照搅拌机械设备规定的要求投料，不能超负荷运行，以免造成机械的损坏。

⑥发现机器设备运转异常必须马上停机，切断电源，查明原因并修复后才能重新启动。

⑦冷藏柜要放置在通风、远离热源且不受阳光直射的地方。

四、燃气的安全

气体燃料又称燃气。西点成熟工艺中常用的燃气有天然气、人工煤气和液化石油气，这些燃气都具有易燃、易爆和燃烧废气中含有一氧化碳等有毒气体的特点。

燃气设备的正确安装与使用，对安全生产具有重要意义。

（1）燃气设备的安装。有明火设备的地方最容易发生火灾，防火工作特别重要。企业建筑工程和内装修防火设计，必须符合国家有关技术规范要求。建筑工程和内装修防火设计，应送公安消防监督机构审核批准后方可组织实施，且不得私自改动。施工完成后，应向公安消防监督机构申请消防验收。一般防火措施有：

①燃气设备必须安装在阻燃物体上，同时便于操作、清洁和维修。

②各种燃气设备使用的压力表具必须符合要求，做到与使用压力相匹配。

③燃气源与燃气设备之间的距离和连接软管长度等必须符合规定。

（2）燃气设备的安全使用。

①燃气设备必须符合国家的相关规范和标准。

②人工点火时，要做到"以火等气"，不能"以气待火"，防止发生泄漏事故。

③凡是有明火加热设备的，在使用中必须有人看守。

④对燃气、燃油设备按要求进行定期保养、检测。

⑤对于容易产生油垢或积油的地方，例如，排油烟管道等，必须经常清洁，避免着火。

五、器具的安全使用

1. 器具的材质要求

（1）塑料制品的安全。塑料是一种以高分子聚合物树脂为基本成分，再加入一些用来改善其性能的添加剂制成的高分子材料。塑料制品在制造过程中添加的稳定剂、增塑剂、着色剂等助剂含量超标时，具有一定的毒性。食品包装常用 PE（聚乙烯）、PP（聚丙烯）和 PET（聚酯）塑料，因为加工过程中助剂使用较少，树脂本身比较稳定，它们的安全性是很高的。其实安全可靠的塑料制品，对人体来说基本是无害的，但没有质量安全认证的产品很有可能给消费者带来健康问题。

塑料容器底部一般应有一种三角形的循环标记，内有数字，它是塑料回收标志，表明容器的塑料成分（图 7－1）。

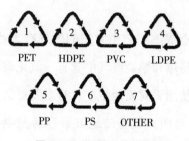

图 7－1 塑料回收标志

数字 1：材质为聚对苯二甲酸乙二醇酯，常见于矿泉水瓶、饮料瓶；数字 2：材质为高密度聚乙烯，常见于购物袋、食品袋；数字 3、4：材质为聚氯乙烯、低密度聚乙烯，常见于保鲜膜；数字 5：材质为聚丙烯，常见于微波炉饭盒、塑料水杯；数字 6：材质为聚苯乙烯，常见于一次性水杯；数字 7：材质为聚碳酸酯，常见于奶瓶。

塑料容器是西点制作中常用的容器，在使用中要注意可盛放食品的塑料容器与不可盛放食品的塑料容器的区别，可微波加热塑料容器与不可微波加热塑料容器的区别。正确区分塑料容器，是保证食品安全的重要方面之一。

（2）金属容器的安全。金属容器是指用金属薄板制造的薄壁包装容器。镀锡薄板（俗称马口铁）用于密封保存食品，是食品行业最主要的金属容器，但在酸、碱、盐以及潮湿空气的作用下易于锈蚀，这在一定程度上限制了它的使用范围。例如，蜂蜜是呈酸性的食品，就不适宜用金属容器保存。因为酸性食品会与金属发生化学反应或使金属元素溶解于食品中，储存时间越长，金属溶出越多，食用的危害就越大，达到一定量可引起中毒。

2. 器具的使用要求

（1）刀具的安全使用。各种刀具是最常见的手动工具，也是最容易发生事故的工具。刀具使用中应注意操作安全：

①严禁在工作中使用刀具时开玩笑或做不妥当的动作，防止事故的发生。

②刀具应放置在明显的地方，不要放在水中或案板下，以防发生意外割伤事故。

③根据加工对象选择合适的刀具加工制品，减少劳动损伤。

（2）锅具的安全使用。锅具是进行热加工的主要器具，应根据不同的制品选择不同的锅具，在使用时要注意操作安全：

①使用前应认真检查锅柄是否牢固，避免发生意外。

②对于易生锈的锅具，应认真清洗，防止锈蚀物融入食物中。

③加热过程中，操作人员不能离开，防止食物溢出熄灭燃气灶造成事故。

④其他用具的安全使用。食品的用具、容器的安全使用，是食品安全的重要环节。西点制作的工具、用具应做到一洗、二冲、三消毒。抹布应勤洗、勤换，不能一块抹布多种用途。

六、安全管理制度的制定

食品安全管理制度应与生产规模、工艺技术水平和食品的种类特性相适应，应根据生产实际和实施经验不断完善食品安全管理制度。管理人员应了解食品安全的基本原则和操作规范，能够判断潜在的危险，采取适当的预防和纠正措施，确保有效管理。

食品安全管理制度包括进货查验记录管理制度、生产过程控制管理制度、出厂检验记录管理制度、食品安全自查管理制度、从业人员健康管理制度、不安全食品召回管理制度、食品安全事故处置管理制度等。

例如，某食品企业进货查验记录管理制度如下：

（1）采购原料、食品添加剂、食品相关产品，需查验供货者的相关许可证、第三方检验报告以及与购进批次产品一致的出厂检验报告，采购部采购时应向供货者索取相关证件并保存好。

（2）对无法提供合格证明文件的食品原料，应依照食品安全标准进行检验；不得采购或者使用不符合安全食品标准的食品原料、食品添加剂、食品相关产品。

（3）主要根据采购清单、采购合同进行原辅材料的采购工作，采购合同应符合国家有关法律、法规的规定，由采购部负责人批准。采购清单、采购合同由采购部指定的人员统一保管，防止泄密。

（4）采购清单、采购合同应包括以下信息：产品名称、型号规格、价格、数量、交付、相应的技术要求、验收要求，可注明验证的方式。

（5）生产负责人和采购部根据生产情况、库存情况制订采购清单或采购合同，总经理批准后由采购部执行。采购部及时做好进货账目。

（6）对采购的产品主要采用检验室进货检验、采购部进货验证、供方提供相关合格证明文件、到供方现场实施验证等几种验证方式。

（7）当进货验证采用核对相关合格证明文件时，应对主要技术参数逐项与相应的技术标准要求核对，并在验证记录中写明核对的过程。

（8）每次进货，需如实记录食品原料的名称、规格、数量、生产批号、保质期、供货者名称、联系方式以及进货日期等内容。进货查验记录应当真实，保存期限不得少于两年。

（9）采购部必须对购进的食品原料、食品相关产品做好贮存、保管、领用出库等记录，并保存好相关记录，如发现登记记录与实际数量不符，将对采购负责人追究责任；还有需要注意的是，杜绝使用回收产品作为生产原料。

七、食品企业常用的质量安全控制体系

食品企业生产产品的质量安全状况不仅关系到企业自身的生存与发展，更重要的是关系到国计民生与社会稳定。企业要取得公众信任就必须有公众认可的管理模式与值得相信的证明材料，这就产生了各种认证。在一个庞大的生产加工体系中，实现科学管理，保证产品的质量安全，如果没有科学的管理方法是不可能实现的。因此，从20世纪90年代以来，在国际组织的努力下，形成了一些国际公认的质量控制体系。食品企业常用的质量安全控制体系如下：

（1）良好操作规范（GMP）。它是保证食品具有高度安全性的良好生产管理系统。它要求食品企业应具有合理的生产过程、良好的生产设备、正确的生产知识、完善的质量控制和严格的管理体系。因此，GMP是食品工业实现生产工艺合理化、科学化和现代化的必备条件。

（2）卫生标准操作程序（SSOP）。企业为了使其所加工的食品符合 GMP 要求而制定的在食品加工过程中如何具体实施清洗、消毒和卫生保持的作业指导文件。它把每一种卫生操作具体化、程序化，对某人执行的任务提供足够详细的规范，并在实施过程中进行严格的检查和记录，实施不力要及时纠正。

（3）危害分析与关键控制点（HACCP）。该体系强调在食品加工的全过程中，对各种危害因素进行系统和全面的分析，然后确定关键控制点（CCP），进而确定控制、检测、纠正方案，是目前食品行业有效预防食品安全事故最先进的管理方案。

（4）ISO 质量管理体系。ISO 是国际标准化组织的简称。ISO/TC 176 是国际标准化组织中的质量管理和质量保证技术委员会，负责制定世界通用的质量管理和质量保证标准。

ISO 9000 系列标准是 ISO/TC 176 成立以来第一次向全世界发布的第一项管理标准，适用于所有组织。ISO 22000 标准《食品安全管理体系——适用于食品链中任何组织的要求》是 ISO/TC 176 针对食品企业制定的食品安全管理体系。

模块八

-- 质量管理

掌握产品质量标准和食品卫生常识，能正确对原料和成品进行质量评价。

实训项目　质量管理评价

能正确对原料和成品进行质量评价。

1. 食品标准的相关知识。

2. 西式面点质量标准。

3. 食品卫生常识。

实训任务　西式面点质量标准的认知

一、食品标准

（一）标准化和标准

1. 标准化

中国国家标准《标准化工作指南　第1部分：标准化和相关活动的通用术语》（GB/T 20000.1—2014）中对"标准化"的定义是"为了在既定范围内获得最佳秩序，促进共同效益，对现实问题或潜在问题确立共同使用和重复使用的条款以及编制、发布和应用文件的活动。"标准化活动确立的条款，可形成标准化文件，包括标准和其他标准化文件。标准化的主要效益在于为了产品、过程或服务的预期目的改进它们的适用性，促进贸易、交流以及技术合作。标准化可以有一个或更多特定目的，以使产品、过程或服务适合其用途。这些目的可能包括但不限于品种控制、可用性、兼容性、互换性、健康、安全、环境保护、产品防护、相互理解、经济绩效、贸易。这些目的可能相互重叠。

作为食品生产企业来说，标准化是组织现代化生产的重要手段，是质量管理的重要组成部分，有利于提高产品质量和生产效率。作为国家来说，标准化是国家经济建设和社会发展的重要基础工作，搞好标准化工作，对于加快发展国民经济，提高劳动生产率，有效利用资源，保护环境，维护人民身体健康都有重要作用。在当前全球经济一体化的世界格局下，标准化的重要意义在于改进产品、过程和服务的实用性，防止贸易壁垒，并促进各国的科学、技术、文化的交流与合作。

2. 标准

中国国家标准《标准化工作指南　第1部分：标准化和相关活动的通用术语》（GB/T 20000.1—2014）中对"标准"的定义："通过标准化活动，按照规定的程序经协商一致制定，为各种活动或其结果提供规则、指南或特性，供共同使用和重复使用的文件。"其中，规定的程序是指制定标准的机构颁布的标准制定程序。标准宜以科学、技术和经验的综合成果为基础。协商一致是指普遍同意，即有关重要利益相关方对于实质性问题没有坚持反对意见，同时按照程序考虑了有关各方的观点并且协调了所有争议。协商一致并不意味着全体一致同意。

（二）食品标准的作用

食品标准是食品行业的技术规范，在食品生产经营中具有极其重要的作用，具体体现在以下几个方面。

（1）保证食品的卫生质量。食品是供人食用的特殊商品，食品质量特别是卫生质量关系到消费者的生命安全。食品标准在制定过程中应充分考虑到在食品生产销售过程中可能存在的和潜在的有害因素，并通过一系列标准的具体内容，对这些因素进行有效的控制，从而防止符合食品标准的食品被有毒、有害物质污染，以保证食品的卫生质量。

（2）国家管理食品行业的依据。国家为了保证食品质量、宏观调控食品行业的产业结构和发展方向、规范稳定食品市场，就要对食品企业进行有效管理。例如，对生产设施、卫生状况、产品质量进行检查等，这些检查就是以相关的食品标准为依据。

（3）食品企业科学管理的基础。食品企业只有通过试验方法、检验规则、操作程序、工作方法、工艺规程等各类标准，才能统一生产和工作的程序和要求，保证每项工作的质量，使有关生产、经营、管理工作走上低耗高效的轨道，使企业获得最大经济效益和社会效益。

（4）促进交流合作与推动贸易。通过标准可以在企业间、地区间或国家间传播技术信息，促进科学技术的交流与合作，加速新技术、新成果的应用和推广，推动国际贸易的健康发展。

（三）食品标准制定的依据

（1）法律依据。《中华人民共和国食品安全法》《中华人民共和国标准化法》等法律以及有关法规是制定食品标准的法律依据。

（2）科学技术依据。食品标准是科学技术研究和生产经验总结的产物。在标准制定的过程中，应尊重科学、尊重客观规律，保证标准的真实性；应合理使用已有的科研成果，善于总结和发现与标准有关的各种技术问题；应充分利用现代科学技术条件，促进标准具有较高的先进性。

（3）有关国际组织的规定。WTO 制定的《实施动植物卫生检疫措施协定》（SPS

协定)、《技术性贸易壁垒协定》(TBT 协定)是食品贸易中必须遵守的两项协定。SPS 协定和 TBT 协定都明确指出,国际食品法典委员会(CAC)的标准可作为解决国际贸易争端,协调各国食品卫生标准的依据。因此,每一个 WTO 的成员国都必须履行 WTO 有关食品标准制定和实施的各项协议和规定。

(四)食品标准制定的程序

标准制定是指标准制定部门对需要制定标准的项目,进行编制计划,组织草拟、审批编号、发布活动等。它是标准化工作任务之一,也是标准化活动的起点。

中国国家标准制定程序划分为九个阶段:预备阶段、立项阶段、起草阶段、征求意见阶段、审查阶段、批准阶段、出版阶段、复审阶段、废止阶段。

(1)预备阶段。阶段任务:提出新工作项目建议。对将要立项的新工作项目进行研究和论证,提出新工作项目建议,包括标准草案或标准大纲(例如,标准的范围、结构、相互关系等)。

每项技术标准的制定,都是按一定的标准化工作计划进行的。技术委员会根据需要,对将要立项的新工作项目进行研究与必要的论证,并在此基础上提出新工作项目建议,包括技术标准草案或技术标准的大纲。例如,拟起草的技术标准的名称和范围,制定该技术标准的依据、目的、意义以及主要工作内容,国内外相应技术标准和有关科学技术成就的简要说明,工作步骤与计划进度,工作分工,制定过程中可能出现的问题和解决措施,经费预算等。

(2)立项阶段。阶段任务:提出新工作项目。对新工作项目建议进行审查、汇总、协调、确定,下达计划。

主管部门对有关单位提出的新工作项目建议进行审查、汇总、协调、确定,直至列入技术标准制定计划并下达给负责起草单位。

(3)起草阶段。阶段任务:提出标准草案征求意见稿。组织标准起草工作直至完成标准草案征求意见稿。

负责起草单位接到下达的计划项目后,即应组织有关专家成立起草工作组,通过调查研究,起草技术标准草案征求意见稿。

①调查研究:各类技术资料是起草技术标准的依据,是否充分掌握有关资料,直接影响技术标准的质量。因此,必须进行广泛调查研究,这是制定好技术标准的关键环节。主要应收集的资料有:试验验证资料、与生产制造有关的资料、国内外有关标准资料。

②起草征求意见稿：经过调查研究之后，根据标准化的对象和目的，按技术标准编写要求起草技术标准草案征求意见稿，同时起草编制说明。

（4）征求意见阶段。阶段任务：提出标准草案送审稿。对标准征求意见稿征求意见，根据反馈意见完成意见汇总处理表和标准草案送审稿。

征求意见应广泛，还可以对一些主要问题组织专题讨论，直接听取意见。工作组对反馈意见要认真收集整理、分析研究、归并取舍，完成意见汇总处理，对征求意见稿及编制说明进行修改，完成技术标准草案送审稿。

（5）审查阶段。阶段任务：提出标准草案报批稿。对标准草案送审稿组织审查（可采取会审和函审），形成会议纪要（或函审结论）和标准草案报批稿。

（6）批准阶段。阶段任务：提供标准出版稿。主管部门对标准草案报批稿及材料进行审核；国家标准技术审查部对标准草案报批稿及材料进行审查；国务院标准化行政主管部门批准、发布国家标准。

（7）出版阶段。阶段任务：提供标准出版物。技术标准出版稿统一由制定的出版机构负责印刷、出版和发行。

（8）复审阶段。阶段任务：定期复审。对实施周期达五年的标准进行复审，以确定是否确认（继续有效）、修改、修订或废止。

（9）废止阶段。对复审后确定为无必要存在的标准，经主管部门审核同意后发布，予以废止。

对下列情况，制定国家标准可以采用快速程序：

①对等同采用、等效采用国际标准或国外先进标准的标准制（修）订项目，可直接由立项阶段进入征求意见阶段，省略起草阶段。

②对现有国家标准的修订项目或中国其他各级标准的转化项目，可直接由立项阶段进入审查阶段，省略起草阶段和征求意见阶段。

（五）食品标准的主要内容

食品标准主要有：食品卫生标准、食品产品标准、食品检验标准、食品包装材料和容器标准、食品添加剂标准、食品标签通用标准、食品企业卫生规范、食品工业基础以及相关标准等。

（1）食品卫生标准。食品卫生标准包括食品生产车间、设备、环境、人员等生产设施的卫生标准，食品原料、产品的卫生标准等。食品卫生标准内容还包括环境感官指标、理化指标和微生物指标等。

（2）食品产品标准。食品产品标准内容较多，一般包括范围、引用标准、相关定义、技术要求、检验方法、检验规则、标志包装、运输和储存等。其中技术要求是标准的核心部分，主要包括原辅材料要求、感官要求、理化指标、微生物指标等。

（3）食品检验标准。食品检验标准包括适用范围、引用标准、术语、原理、设备和材料、操作步骤、结果计算等内容。

（4）食品包装材料和容器标准。食品包装材料和容器标准内容包括卫生要求和质量要求。

（5）其他食品标准。例如，食品工业基础标准、质量管理、标志包装储运、食品机械设备等。

（六）食品标准的分类

（1）根据标准适用的范围。我国的食品标准分为四级：国家标准、行业标准、地方标准和企业标准。从标准的法律级别上来讲，国家标准高于行业标准，行业标准高于地方标准，地方标准高于企业标准。但从标准的内容上来讲却不一定与级别一致，一般来讲，企业标准的某些技术指标应严于地方标准、行业标准和国家标准。

（2）根据标准的性质分类。通常，标准可分为基础标准、技术标准、管理标准和工作标准四大类。

基础标准是在一定范围内作为其他标准的基础并普遍使用，具有广泛指导意义的标准。例如，术语、符号、代号、代码、计量与单位标准等都是目前广泛使用的综合性基础标准。

技术标准是指对标准化领域中需要协调统一的技术事项所制定的标准。技术标准包括基础技术标准、产品标准、工艺标准、检测标准、安全标准、卫生标准、环保标准等。

管理标准是指对标准化领域中需要协调统一的管理事项所制定的标准，主要规定人们在生产活动和社会生活中的组织结构、职责权限、过程方法、程序文件以及资源分配等事宜，它是合理组织国民经济，正确处理各种生产关系，正确实现合理分配，提高生产效率和效益的依据。管理标准包括管理基础标准，技术管理标准，经济管理标准，行政管理标准，生产经营管理标准等。

工作标准是指对工作的责任、权利、范围、质量要求、程序、效果、检查方法、考核办法所制定的标准。工作标准一般包括部门工作标准和岗位（个人）工作标准。

（3）根据法律的约束性分类。国家标准和行业标准分为强制性标准和推荐性标准。

强制性标准是国家通过法律的形式明确要求对标准所规定的技术内容和要求必须执行，不允许以任何理由或方式加以违反、变更，这样的标准称之为强制性标准，包括强制性的国家标准、行业标准和地方标准。对违反强制性标准的，国家将依法追究当事人法律责任。一般保障人民身体健康、人身财产安全的标准是强制性标准。

推荐性标准是指国家鼓励自愿采用的具有指导作用而又不宜强制执行的标准，即标准所规定的技术内容和要求具有普遍的指导作用，允许使用单位结合自己的实际情况，灵活加以选用。虽然，推荐性标准本身并不要求有关各方遵守该标准，但在一定的条件下，推荐性标准可以转化成强制性标准，具有强制性标准的作用。例如，以下几种情况：

①被行政法规、规章所引用。

②被合同、协议所引用。

③被使用者声明其产品符合某项标准。

食品卫生标准属于强制性标准，因为它是食品的基础性标准，关系到人民身体健康和人身财产安全。食品产品标准，一部分为强制性标准，也有一部分为推荐性标准。我国加入 WTO 后，将会更多地采用国际标准或国外先进标准，食品标准的约束性也会根据具体情况进行调整。

（4）根据标准化的对象和作用分类。

①产品标准。为保证产品的适用性，对产品必须达到的某些或全部特性要求所制定的标准，包括：品种、规格、技术要求、试验方法、检验规则、包装、标志、运输和储存要求等。

②方法标准。以试验、检查、分析、抽样、统计、计算、测定、作业等各种方法为对象而制定的标准。

③安全标准。以保护人和物的安全为目的制定的标准。

④卫生标准。保护人的健康，对食品、医药以及其他方面的卫生要求而制定的标准。

⑤环境保护标准。为保护环境和有利于生态平衡对大气、水体、土壤、噪声、振动、电磁波等环境质量、污染管理、监测方法以及其他事项而制定的标准。

（七）标准的代号与编号

1. 国家标准代号与编号

国家标准的代号由大写汉字拼音字母"GB"构成，强制性国家标准的代号为

"GB"，推荐性国家标准代号为"GB/T"。

国家标准编号构成由国家标准的代号、国家标准发布的顺序号和国家标准发布的年号构成。

（1）强制性国家标准号如下：

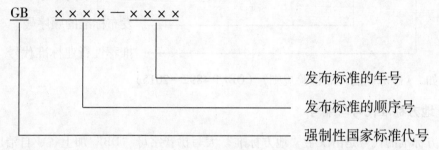

例如，《食品安全国家标准　食品添加剂使用标准》（GB 2760—2014）。

（2）推荐性国家标准号如下：

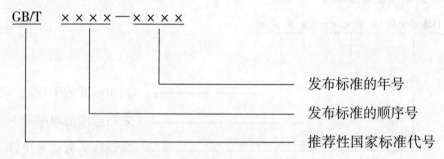

例如，《质量管理体系　要求》（GB/T 19001—2016）。

2. 行业标准代号与编号

行业标准的编号是由行业标准代号、标准顺序号以及年号组成的。行业标准代号是由国务院标准化行政主管部门规定的。如轻工为 QB，机械为 JB，商业为 SB。

（1）强制性行业标准号如下：

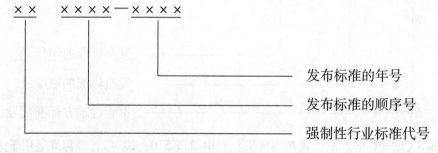

例如，《食品添加剂　果胶》（QB 2484—2000）。

（2）推荐性行业标准号如下：

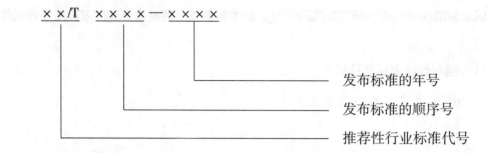

发布标准的年号

发布标准的顺序号

推荐性行业标准代号

例如，《冷冻调制食品检验规则》（QB/T 4892—2015）。

3. 地方标准代号与编号

地方标准的代号是由汉字"地方标准"大写拼音字母"DB"加上省、自治区、直辖市行政区划代码前两位数字再加斜线组成的。

（1）强制性地方标准号如下：

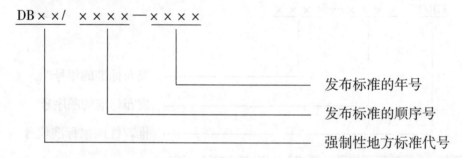

发布标准的年号

发布标准的顺序号

强制性地方标准代号

例如，《污水综合排放标准》（DB12/ 356—2018），该标准适用于天津市辖区内现有排污单位水污染物的排放管理和建设项目的环境影响评价、建设项目环境保护设施设计、竣工验收以及其投产后的排放管理。

（2）推荐性地方标准号如下：

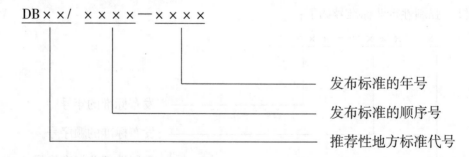

发布标准的年号

发布标准的顺序号

推荐性地方标准代号

例如，《地理标志产品　黄花山核桃》（DB12/T 510—2014），该标准适用于天津市蓟县（现为蓟州区）孙各庄满族乡、下营镇两个乡镇现辖行政区域。

4. 企业标准代号与编号

企业标准代号是由汉字"企"的大写拼音字母"Q"加斜线再加企业代号组成的。企业标准代号与编号是由企业标准代号、企业代号、发布标准顺序号、食品标准代号S、年号组成的。企业代号由企业名称简称的四个汉语拼音第一个大写字母组成。具体格式如下：

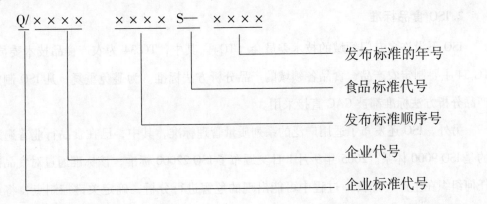

例如，《速冻调理油豆腐》（Q/NTLY 0001S—2010）（南通隆源食品有限公司），南通市的企业标准。

（八）食品国际标准简介

食品及相关产品标准化的国际组织有：ISO（国际标准化组织）、FAO（联合国粮食及农业组织）、WHO（世界卫生组织）、CAC（国际食品法典委员会）、ICC（国际谷类加工食品科学技术协会）、IDF（国际乳品联合会）、IWO（国际葡萄与葡萄酒局）、AOAC（国际分析化学家协会）。其中，CAC和ISO的标准被广泛认同和采用。

1. 食品法典标准

CAC制定并向各成员国推荐的食品产品标准、农药残留限量、卫生与技术规范、准则和指南等，通称为食品法典。食品法典共由13卷构成，其主要内容有：卷1A通用要求法典标准；卷1B通用要求（食品卫生）法典标准；卷2A食品中农药残留法典标准；卷3食品中兽药——最大残留限量法典标准；卷4特殊饮食用途的食品法典标准；卷5A速冻水果和蔬菜的加工处理法典标准；卷5B热带新鲜水果和蔬菜法典标准；卷6水果汁和相关制品法典标准；卷7谷类、豆类、豆荚等相关产品植物蛋白法典标准；卷8食用油、脂肪以及相关产品法典标准；卷9鱼及水产品法典标准；卷10肉及肉制品法典标准；卷11糖、可可制品、巧克力以及其他产品法典标准；卷12乳及其乳制品法典标准；卷 13 分析方法与取样法典标准。

食品法典一般准则提倡成员国最大限度地采纳法典标准。法典的每一项标准本身对其成员国政府来讲并不具有自发的法律约束力，只有在成员国政府正式声明采纳之后才具有法律约束力。在食品贸易领域，一个国家只要采用了 CAC 的标准，就被认为是与世界贸易组织 SPS 协定和 TBT 协定的要求一致。

2. ISO 食品标准

ISO 下设许多专门领域的技术委员会（TC）。其中，TC 34 为农产食品技术委员会。TC 34 主要制定农产品、食品各领域的产品分析方法标准。为避免重复，凡 ISO 制定的产品分析方法标准都被 CAC 直接采用。

另外，ISO 还发布了适用广泛的系列质量管理标准，其中，已在食品行业普遍采用的是 ISO 9000 体系。2005 年 9 月 1 日又颁布了 ISO 22000 标准，该标准通过对食品链中任何组织在生产（经营）过程中可能出现的危害进行分析，确定关键控制点，将危害降低到消费者可以接受的水平。该标准是对各国现行的食品安全管理标准和法规的整合，是一个可以通用的国际标准。

二、食品标准的检索

（一）国内食品标准的检索

1. 检索工具

选择合适的检索工具如《中华人民共和国国家标准和行业标准目录》《中华人民共和国国家标准目录》《中国标准化年鉴》《中国国家标准汇编》《中国标准化》《中国食品工业标准汇编》《食品卫生家标准汇编》等书目检索工具，利用手工检索办法从中找到有关食品标准。

2. 网站检索

登录国内的专业网站检索食品标准，主要网站有：食品安全国家标准数据检索平台（http：//bz. cfsa. net. cn/db）、国家市场监督管理总局（http：//samr. saic. gov. cn）、国家标准化管理委员会（http：//www. sac. gov. cn）、标准网（http：//www. standardcn. com）、食品伙伴网（http：//www. foodmate. net）、万方数据库（http：//www. wanfangdata. com. cn）等。另外，中国标准出版社读者服务部、各省、自治区、直辖市的标准化研究院均设有专门的标准查询检索服务，可以快速检索到需要的标准文献。

（二）国外食品标准的检索

1. 检索工具

选择合适的检索工具例如，《国际标准化组织标准目录》《世界卫生组织出版物目录》《美国国家标准目录》《法国国家标准目录》《英国标准年鉴》《日本工业标准目录》《日本工业标准年鉴》《德国技术规程目录》等书目检索工具，利用手工检索办法从中找到有关食品标准。

2. 网站检索

登录国内外的专业网站检索食品法规，主要有：国际标准化组织（http：//www.iso.org）、德国标准学会（http：//www.din.de）、法国标准化协会（http：//afnor.org）、万方数据库（http：//www.wanfangdata.com.cn）等。

三、食品安全标准

现行食品标准覆盖了所有食品范围，基本涵盖了从原料到产品中涉及健康危害的各种卫生安全指标，包括食品产品生产加工过程中原料收购与验收、生产环境、设备设施、工艺条件、卫生管理、产品出厂前检验等各个环节的卫生要求。

《食品安全国家标准目录》（截至2017年4月）中将食品安全国家标准分为通用标准、食品产品标准、特殊膳食食品标准、食品添加剂质量规格标准、食品营养强化剂质量规格标准、食品相关产品标准、生产经营规范标准、理化检验方法标准、微生物检验方法标准、毒理学检验方法与规程标准、兽药残留检测方法标准以及农药残留检测方法标准。食品安全标准按照内容分类，可分为食品安全基础标准、生产规范、产品标准、检验检测方法等，与国际食品法典标准分类基本一致。

（一）食品产品标准

一般包括范围、引用标准、相关定义、技术要求、检验方法、检验规则、标志包装、运输和储存等。其中技术要求是标准的核心部分，主要包括原辅材料要求、感官要求、理化指标、微生物指标等。

以《食品安全国家标准　糕点面包》（GB 7099—2015）为例，该标准主要结构如下：

（1）范围。

（2）术语和定义。

①糕点。

②面包。

（3）技术要求。

①原料要求。

②感官要求。

③理化指标。

④污染物限量。

⑤微生物限量。

⑥食品添加剂和食品营养强化剂。

（二）生产经营规范标准

一般包括食品生产车间、设备、环境、人员等生产设施的卫生标准和食品原料、产品的卫生标准等。

以《食品安全国家标准　糕点、面包卫生规范》（GB 8957—2016）为例，该标准主要结构如下：

（1）范围。

（2）术语和定义。

①冷加工间。

②饼店（面包坊）。

（3）选址与厂区环境。

①选址。

②厂区环境。

（4）厂房和车间。

①设计和布局。

②建筑内部结构与材料。

（5）设施与设备。

①设施。

②设备。

（6）卫生管理。

①卫生管理制度。

②厂房与设施卫生管理。

③食品加工、经营人员健康管理与卫生要求。

④虫害控制。

⑤废弃物处理。

⑥工作服管理。

（7）食品原料、食品添加剂和食品相关产品。

①一般要求。

②食品原料。

③食品添加剂。

④食品相关产品。

⑤其他。

（8）生产过程的食品安全控制。

①产品污染风险控制。

②生物污染的控制。

③化学污染的控制。

④物理污染的控制。

⑤包装。

（9）检验。

（10）食品的贮存和运输。

（11）饼店（面包坊）的销售。

（12）产品召回管理。

（13）培训。

（14）管理制度和人员。

（15）记录和文件管理。

附录 A 糕点、面包加工过程的微生物监控程序指南

（三）检验方法标准

一般包括适用范围、引用标准、术语、原理、设备与材料、操作步骤、结果计算等

内容。

以《食品安全国家标准 食品中铅的测定》（GB 5009.12—2017）为例，该标准主要结构如下：

（1）范围。

第一法：石墨炉原子吸收光谱法。

（2）原理。

（3）试剂和材料。

①试剂。

②试剂配制。

③标准品。

④标准溶液配制。

（4）仪器和设备。

（5）分析步骤。

①试样制备。

②试样前处理。

③测定。

（6）分析结果的表述。

（7）精密度。

（8）其他。

第二法：电感耦合等离子体质谱法［见《食品安全国家标准 食品中多元素的测定》（GB 5009.268—2016）］。

第三法：火焰原子吸收光谱法。

（9）原理。

（10）试剂和材料。

①试剂。

②试剂配制。

③标准品。

④标准溶液配制。

（11）仪器和设备。

（12）分析步骤。

①试样制备。

②试样前处理。

③测定。

（13）分析结果的表述。

（14）精密度。

（15）其他。

第四法：二硫腙比色法。

（16）原理。

（17）试剂和材料。

①试剂。

②试剂配制。

③标准品。

④标准溶液配制。

（18）仪器和设备。

（19）分析步骤。

①试样制备。

②试样前处理。

③测定。

（20）分析结果的表述。

（21）精密度。

（22）其他。

附录A 微波消解升温程序

附录B 石墨炉原子吸收光谱法仪器参考条件

附录C 火焰原子吸收光谱法仪器参考条件

四、食品安全企业标准编写与备案

对于没有食品安全国家标准和地方标准的食品，应当制定食品安全企业标准。企业制定严于国家标准或地方标准的食品安全企业标准，应当如实提交必要的依据和验证材料。除以上情形外，对已有食品安全国家标准或者地方标准的，或者国家另有相关规定的，不再备案相关的企业标准。

（一）食品安全企业标准编制依据

编制食品安全企业标准应依据以下法律法规与标准：

《中华人民共和国食品安全法》《中华人民共和国标准化法》《中华人民共和国标准化法实施条例》《标准化工作导则　第 1 部分：标准的结构与编写》（GB/T 1.1—2009）、国家强制性卫生标准、同类产品国家标准（行业标准、地方标准）、企业标准化管理办法等。

（二）制定食品安全企业标准的原则

（1）贯彻食品安全法、严格执行强制性国家标准、行业标准和地方标准。

（2）保证安全、卫生，充分考虑使用要求，保护消费者利益，保护环境。

（3）有利于企业技术进步，保证和提高产品质量，改善经营管理和增加社会经济效益。

（4）积极采用国家标准和国外先进标准。

（5）有利于合理利用国家资源、能源、推广科学技术成果，有利于产品的通用互换，符合使用要求，技术先进，经济合理。

（6）有利于对外经济技术合作和对外贸易。

（7）本企业内的企业标准之间应协调一致。

（三）企业标准基本内容

1. 封面

封面主要内容可分为上、中、下三部分。

封面上部内容包括：标准的类别、标准的标志、标准的编号、备案号。

封面中部的内容包括：标准的中文名称、标准对应的英文名称、与国际标准一致性程度的标志。

封面下部的内容包括：标准的发布与实施日期、标准的发布部门或单位。

2. 前言

前言应依次包含下列信息：本标准由××××提出，本标准由××××批准，本标准由××××归口，本标准起草单位，本标准主要起草人，标准首次发布，历次修订或复审确认的年、月。

前言的特定部分也可给出关于标准的一些重要信息，包括标准本身的结构、标准与所采用的标准的差异、标准附录的性质以及与前一版本变化的说明等。

3. 范围

范围应明确表明标准的对象和所涉及的各个方面，指明标准的适用界限，必要时可说明不适用界限。

4. 规范性引用文件

引用的所有规范性文件一定要在标准中提及，没有提及的文件不应作为规范性引用文件。资料性引用的文件、尚未发布过的文件或不能公开得到的文件，不能列入规范性引用文件中。

5. 术语和定义

企业标准应采用国家或行业标准已规定的术语和定义。例如，《糕点术语》（GB/T 12140—2007）、《白酒工业术语》（GB/T 15109—2008）、《调味品名词术语 综合》（SB/T 10295—1999）等。只有用于特定的含义或者可能引起歧义时，才有必要对术语进行定义，不能给食品品名、俗称、品牌名下定义。

6. 技术要求

"技术要求"的目的要明确，性能特性要量化，规定的性能特性和描述性特性要可证实，尽量引用现行相关标准。

（1）原料和添加剂要求。应对食品的主要原料、添加剂做出规定。食品原料和添加剂必须符合国家有关法律、法规和强制性标准的要求，确保人体健康和生命安全，不得使用违禁物质。

（2）感官要求。应从食品的色泽、组织状态、滋味与气味、质地等方面对产品提出要求。

（3）理化要求。应对食品的物理、化学以及污染物指标做出规定。物理指标包括：净含量、固形物含量、比容、密度、粒度、杂质等。化学指标包括：水分、灰分、酸度、总糖、营养素的含量以及食品添加剂和营养强化剂允许使用量等。污染物限量指标包括：农药残留限量、有害金属和有害非金属限量、兽药残留限量等。

（4）微生物要求。应对食品的生物学特性和生物性污染作出规定。例如，活性酵母、乳酸菌、菌落总数、大肠菌群、致病菌、霉菌、生物毒素、寄生虫、虫卵等，对能定量表示的要求，应在标准中以最合理的方式规定其限值，或规定上下限，或只规定上限或下限。

（5）质量等级要求。根据质量要求能分级的食品，应做出合理分级。

7. 生产加工过程要求

生产加工过程应符合食品企业通用卫生规范。

8. 检验方法

（1）一般应直接引用已发布的有关专业的标准试验方法的现行有效版本；需要制定的试验方法如与现行标准试验方法的原理、步骤基本相同，仅是个别操作步骤不同，应在引用现行标准的前提下只规定其不同部分，不宜重复制定；对于没有上级试验方法的，应明确试验原理、操作步骤和试验条件以及所用的仪器设备等。

（2）章节中的每项要求，均应有相应的检验和试验方法。

9. 检验规则

（1）抽样的主要内容应包括：根据食品特点，应规定抽样条件、抽样方法、抽取样品的数量，易变质的产品应规定储存样品的容器与保管条件。标准中具体选择哪一种较为适合的抽样方案，应根据食品特点，参考《验收抽样检验导则》（GB/T 13393—2008）编制。

（2）检验规则的主要内容应包括：检验分类、检验项目、组批规则、判定原则和复检规则。

10. 标志、包装、贮存、运输

（1）标志。标志是产品的"标识"，它包括标签、图形、文字和符号。

产品标志应符合《中华人民共和国产品质量法》《中华人民共和国消费者权益保护法》《食品标识管理规定》等法律法规和强制性标准的规定，一般可直接引用《食品安全国家标准　预包装食品标签通则》（GB 7718—2011）、《食品安全国家标准　预包装特殊膳用食品标签》（GB 13432—2013）等。

（2）标签。食品标签应包括产品名称、配料表、营养素名称及含量、生产日期、保质期（安全使用期或失效日期）、生产者名称和地址、质量等级、净含量、执行标准号、许可证号、认证标志、警示说明或标志、食用方法、适用人群、功效成分、热量、有效的商品条码、商标、规格、数量等。应根据不同食品类别，按照《食品安全国家标准 预包装食品标签》（GB 7718—2011）的要求将上述内容列出来。

（3）包装。国家标准或行业标准中对包装环境、包装物、包装方法有规定的，应当引用现行的国家标准或行业标准，没有标准的，可以制定单独的标准，也可在一项产品标准中规定包装材料、包装形式、包装量以及对包装的试验等。食品包装材料要防止食品发生污染、损害。

（4）运输和贮存。应根据产品的特点对贮存场所、贮存条件、贮存方式、贮存期限做出相应的规定。对运输要规定装卸方式、温度以及运输过程中可能造成影响的其他因素。

11. 产品标准格式

产品标准格式符合《标准化工作导则 第 1 部分：标准的结构与编写》（GB/T 1.1—2009）的要求。

（四）编制说明

企业标准编制说明应当详细说明企业标准制定过程同相关国家标准、地方标准、国际标准、国外标准的比较情况。标准比较适用下列原则：有国家标准或者地方标准时，与国家标准或者地方标准比较；没有国家标准或地方标准时，与国际标准比较；没有国家标准、地方标准、国际标准时，与两个以上国家或者地区的标准比较。

（1）工作简况（目的、意义和工作过程等）。

（2）标准编制的原则和确定的标准主要内容（技术指标参数、性能要求和试验方法等说明）。

（3）主要试验（验证）分析、综述报告，技术经济和预期效果说明。

（4）采用国际标准及标准水平分析。

（5）与现有法律、法规、国家标准行业标准、地方标准的关系。

（6）重大分歧意见处理过程和依据。

（7）其他。

（五）企业产品标准备案

食品生产企业依法制定发布食品安全企业标准后，应当按照规定将企业标准向省级卫生计生行政部门备案，由省级卫生计生行政部门存档备查。食品企业对其制定的企业标准内容真实性、合法性负责，并对备案后的企业标准的实施后果依法承担责任。备案的企业标准，在本企业内部适用。企业标准中凡不符合食品安全国家标准或地方标准的，一经发现，备案企业应当修订其企业标准。企业应当依据法律法规和食品安全标准要求，组织食品生产经营，确保食品安全。一般企业标准备案时需提交的材料有企业标准备案登记表、企业标准文本及电子版、企业标准编制说明和省级卫生行政部门规定的其他资料。

省级卫生行政部门收到企业标准备案材料时，应当对提交材料是否齐全等进行核对，并根据下列情况分别做出处理：企业标准依法不需要备案的，应当即时告知当事人不需备案；提交的材料不齐全或者不符合规定要求的，应当立即或者在五个工作日内告知当事人补正；提交的材料齐全，符合规定要求的，受理其备案。省级卫生行政部门受理企业标准备案后，应当在受理之日起十个工作日内在备案登记表上标注备案号并加盖备案章。标注的备案号和加盖的备案章作为企业标准备案凭证。

五、西式面点质量标准

产品的质量主要指加工后的食品符合产品标准和规范规定的程度。以下以糕点和面包的技术要求与白砂糖的技术要求为例，说明西点国家标准中对西点产品和原材料的质量要求。

1. 糕点和面包的技术要求

糕点和面包应符合《食品安全国家标准 糕点、面包》（GB 7099—2015）规定的技术要求。

（1）原料应符合相应的食品标准和有关规定。

（2）糕点和面包的感官要求，见表8-1。

表8-1 糕点和面包的感官要求

项　　目	要　　求	检验方法
色泽	具有产品应有的正常色泽	将样品置于白瓷盘中，在自然光下观察色泽和状态，检查有无异物，闻其气味，用温开水漱口后品其滋味
滋味、气味	具有产品应有的气味和滋味，无异味	
状态	无霉变，无生虫以及其他正常视力可见的外来异物	

（3）糕点和面包的理化指标。糕点和面包的理化指标，见表8－2。

表8－2　糕点和面包的理化指标

项　　目		指　　标	检验方法
酸价（以脂肪计）（KOH）（mg/g）	≤	5	《食品安全国家标准　食品中酸价的测定》（GB 5009.229）
过氧化值（以脂肪计）（g/100 g）	≤	0.25	《食品安全国家标准　食品中过氧化值的测定》（GB 5009.227）
注：酸价和过氧化值指标仅适用于配料中添加油脂的产品。			

（4）污染物限量。污染物限量应符合《食品安全国家标准　食品中污染物限量》（GB 2762—2017）的有关规定。

（5）微生物限量。致病菌限量应符合《食品安全国家标准　食品中致病菌限量》（GB 29921—2013）中熟制粮食制品（含焙烤类）的规定。微生物限量还应符合表8－3的规定。

表8－3　微生物限量

项　　目	采样方案[a]及限量				检验方法
	n	c	m	M	
菌落总数[b]/（CFU/g）	5	2	10^4	10^5	《食品安全国家标准　食品微生物学检验　菌落总数测定》（GB 4789.2—2016）
大肠菌群[b]/（CFU/g）	5	2	10	10^2	《食品安全国家标准　食品微生物学检验　大肠菌群计数》（GB 4789.3—2016）《平板计数法》
霉菌[c]/（CFU/g）　≤	150				《食品安全国家标准　食品微生物学检验　霉菌和酵母计数》（GB 4789.15—2016）
a 样品的采集及处理按《食品安全国家标准　食品微生物学检验　总则》（GB 4789.1—2016）执行。					
b 菌落总数和大肠菌群的要求不适用于现制现售的产品，以及含有未熟制的发酵配料或新鲜水果蔬菜的产品。					
c 不适用于添加了霉菌成熟干酪的产品。					

（6）食品添加剂和食品营养强化剂。食品添加剂的使用应该符合《食品安全国家标准　食品添加剂使用标准》（GB 2760—2014）的规定。食品营养强化剂的使用应符合《食品安全国家标准　食品营养强化剂使用标准》（GB 14880—2012）的规定。

2. 白砂糖技术要求

白砂糖作为西点制作中常用的原材料，其品质对产品质量有一定影响。白砂糖应符合《白砂糖》（GB/T 317—2018）规定的技术要求。

（1）级别。白砂糖分为精制、优级、一级和二级共四个级别。

（2）感官。晶粒应均匀，粒度在下列范围内应不少于80%：

①粗粒：0.80~2.50 mm；

②大粒：0.63~1.60 mm；

③中粒：0.45~1.25 mm；

④小粒：0.28~0.80 mm；

⑤细粒：0.14~0.45 mm。

晶粒或其水溶液应味甜、无异味。糖品外观应干燥松散、洁白、有光泽，每平方米表面积内长度大于0.2 mm的黑点数量不多于15个。

（3）白砂糖的理化要求。白砂糖的理化要求，见表8-4。

表8-4 白砂糖的理化要求

项　　目		指　　标			
		精　　制	优　　级	一　　级	二　　级
蔗糖分/（g/100 g）	≥	99.8	99.7	99.6	99.5
还原糖分/（g/100 g）	≤	0.03	0.04	0.10	0.15
电导灰分/（g/100 g）	≤	0.02	0.04	0.10	0.13
干燥失重/（g/100 g）	≤	0.05	0.06	0.07	0.10
色值/IU	≤	25	60	150	240
混浊度/MAU	≤	30	80	160	220
不溶于水杂质/（mg·kg^{-1}）	≤	10	20	40	60

（4）食品安全要求。应符合《食品安全国家标准　食糖》（GB 13104—2014）的规定。

（5）原料要求。

①以甘蔗为原料，应符合《糖料甘蔗》（GB/T 10498—2010）的规定。

②以甜菜为原料，应符合《糖料甜菜》（GB/T 10496—2018）的规定。

③以原糖为原料，应符合《原糖》（GB/T 15108—2017）的规定。

（6）定量包装要求。白砂糖净含量应符合《定量包装商品计量监督管理办法》的规定。

六、食品卫生常识

（一）食品加工中的安全性危害

1. 食品加工中的生物性危害

食品加工中的生物性危害主要是食品中微生物的污染。食品的微生物污染不仅降低食品质量，而且对人体健康产生危害。食品的微生物污染占整个食品污染比重很大，危害也很大。

食品微生物污染的来源有：食品原料本身的污染、食品加工过程中的污染以及食品贮存、运输和销售中的污染。

（1）细菌性危害。

①致病菌。致病菌一般是指肠道致病菌和致病性球菌，主要包括沙门氏菌、志贺氏菌、金黄色葡萄球菌、致病性链球菌等四种。致病菌不允许在食品中被检出。

②常见的食品细菌主要有以下几类：

a. 肠杆菌科。为革兰氏阴性，需氧及兼性厌氧，包括志贺氏菌属、沙门氏菌属、耶尔森氏菌属等致病菌。

b. 乳杆菌属。革兰氏阳性杆菌，厌氧或微需氧，在乳品中多见。

c. 微球菌属和葡萄球菌属。本菌属为革兰氏阳性细菌，嗜中温，营养要求较低。在肉、水产食品和蛋品上常见，有的能使食品变色。

d. 芽孢杆菌属与芽孢梭菌属。分布较广泛，尤其多见于肉和鱼。前者需氧或兼性厌氧；后者厌氧，属中温菌者多，间或嗜热菌，是罐头食品中常见的腐败菌。

e. 假单胞菌属。本菌属为革兰氏阴性无芽孢杆菌，需氧，嗜冷，在 pH 值为 5.0 ~ 5.2 下发育，是典型的腐败细菌，在肉和鱼上易繁殖，多见冷冻食品。

（2）病毒性危害。

①肝炎病毒。我国食品的病毒污染以肝炎病毒最为严重，主要为甲型肝炎病毒和戊型肝炎病毒，甲型肝炎病毒可以通过食品传播。例如，1987 年 12 月至 1988 年 1 月上海因食用含甲肝病毒的毛蚶（贝壳类水产），引起甲型肝炎的暴发流行。究其原因是沿海或靠近湖泊居住的人们喜食毛蚶、蛏子、蛤蜊等贝壳，尤其上海人讲究取其味，因此，

食用毛蚶时，仅用开水烫一下，然后取贝肉，蘸调味料食用。这种吃法固然味道鲜美，但其中的甲肝病毒并没有杀死，结果引起食源性病毒病。戊型肝炎病毒不稳定，容易被破坏。

②朊病毒。朊病毒是一种不含核酸的蛋白感染因子，能引起哺乳动物中枢神经组织病变。朊病毒能引起人和动物的可转移性神经退化疾病，如牛海绵状脑病（BSE，俗称疯牛病）、克雅氏病（CJD）等疾病。目前，英国已知至少有70人死于新型克雅氏病，而医学界怀疑克雅氏病可能和食用BSE病牛制成的肉制品有关。

（3）寄生虫危害。

①猪囊虫。猪囊虫，俗称"米猪肉"，是指带囊尾蚴的猪肉。人如果食用了没有死亡的猪肉囊虫，由于肠液和胆汁的刺激，头结即可伸出包囊，以带钩的吸盘，牢固地吸附在人的肠壁上，从中吸取营养并发育为成虫，即绦虫，使人患绦虫病。

②旋毛虫。旋毛虫是一种很小的线虫，肉眼不易看见。当人误食含旋毛线虫幼虫的食品后，幼虫则从囊内进入十二指肠和空肠，并迅速发育为成虫，每条成虫可产1 500个以上幼虫。幼虫穿过肠壁，随血液循环到全身，主要寄生在横纹肌肉内，使被寄生的肌肉发生变性。患者初期呈恶心、呕吐、腹痛和下痢等症状，随后体温升高。由于在肌肉内寄生，肌肉发炎，疼痛难忍。根据寄生的部位，出现声音嘶哑、呼吸和吞咽困难等症状。

2. 食品加工中的化学性危害

（1）食品中天然存在的化学危害。

①真菌毒素。霉菌能引起农作物的病害和食品霉变，产生有毒的代谢产物——霉菌毒素。目前已知的霉菌毒素有200多种，主要有黄曲霉毒素、镰刀菌毒素（T－2毒素、脱氧雪腐镰刀菌烯醇、玉米赤霉烯酮、伏马菌素等）、锗曲霉毒素、杂色曲霉素、展青霉素、3－硝基丙酸等。

a. 黄曲霉毒素是由黄曲霉和寄生曲霉产生的代谢产物。已发现的黄曲霉毒素有20多种，其中以黄曲霉毒素B1的毒性和致癌性最强，在食品中的污染也最普遍。

b. 赭曲霉毒素是由曲霉毒属和青霉属的一些菌种产生的二次代谢产物。该毒素是异香豆素的系列衍生物，包括赭曲霉毒素A、B和C，其中赭曲霉毒素A是植物性食品中的主要污染物，是谷物、大豆、咖啡豆和可可豆的污染物。

c. 单端孢霉烯族化合物是一组生物活性和化学结构相似的有毒代谢产物，大多数单端孢霉烯族化合物是由镰刀菌属的菌种产生的，其中最重要的菌种是产生 DON 和 NIV 的禾谷镰刀菌，单端孢霉烯族化合物的主要毒性作用为细胞毒性、免疫抑制和致畸作用，可能有弱致癌性，是污染谷物和饲料的污染物。

②植物食品中的天然毒素包含以下几类。

a. 红细胞凝集素和皂素。红细胞凝集素又称外源凝集素，是一种糖蛋白，存在于大豆、四季豆、豌豆、小扁豆、蚕豆和花生等食物原料中。四季豆又称菜豆、扁豆、刀豆、芸豆和豆角等。由四季豆等引起的食物中毒事件时有发生。

b. 生物碱。生物碱是一类含氮的有机化合物，有类似碱的性质，遇酸可生成盐。存在于食用植物中的生物碱主要有龙葵碱、秋水仙碱和咖啡因等。

龙葵碱又称茄碱、龙葵毒素和马铃薯毒素，是由葡萄糖残基和茄啶组成的一种弱碱性糖苷。它存在于马铃薯、番茄以及茄子等茄科植物中。马铃薯中龙葵碱的含量随品种、部位和季节的不同而不同。发芽马铃薯的幼芽和芽眼部分含量最高，绿色马铃薯和出现黑斑的马铃薯块茎中含量也较高。当食人 0.2 ~ 0.4 g 茄碱时即可发生中毒。

③动物食品中的天然毒素包含以下几类。

a. 河豚毒素。河豚是一种味道极鲜美但含剧毒的鱼类。河豚中的有毒成分是河豚毒素（TTX），其毒性比氰化钾高 1 000 倍，因此河豚中毒是世界上最严重的动物性食品中毒，其死亡率占食物中毒死亡率的首位。河豚毒素是一种神经毒素，能阻断神经传导，使神经麻痹，病死率高达 40% ~ 60%。河豚毒素性质比较稳定，盐腌、日晒均不会被破坏。在 100 ℃下加热 24 h，120 ℃下加热 60 min 才能被完全破坏。因此，一般家庭烹调难以去除毒性，所以严禁擅自经营、加工和销售河豚。

b. 动物腺体和内脏中的毒素。动物腺体和内脏中的毒素包括甲状腺素、肾上腺分泌的激素、变性淋巴结、动物肝脏中的毒素以及胆囊毒素等。为安全起见，防止甲状腺素中毒，建议烹调前应注意摘除甲状腺；无论淋巴结有无病变，消费者应将其除去为宜；要食用健康的新鲜动物肝脏，食用前充分清洗、煮熟、煮透；一次摄入不能太多；如果在摘除胆囊时不小心弄破胆囊，应用清水充分洗涤、浸泡，以便去除残留的胆囊毒素。

④毒蘑菇中的天然毒素应引起足够的重视。

我国已知食用蘑菇有 700 多种，毒蘑菇为 190 多种。食用蘑菇和有毒蘑菇在外观上很难分辨，因此，因误食毒蘑菇而引起的中毒事件频频发生。蘑菇毒素从化学结构上可分为生物碱类、肽类（毒环肽）以及其他化合物（如有机酸等）；根据中毒时出现的临床症状可分为胃肠毒素、神经精神毒素、血液毒素、原浆毒素和其他毒素五类。

因为鉴于毒蘑菇种类繁多，难以识别，所以在采集野蘑菇时，要在专业人员或有识别能力的人员指导下进行，以便剔除毒蘑菇。对一般人来说，最有效的措施是绝对不采摘不认识的野蘑菇，也不食用没有吃过的蘑菇。

（2）环境污染导致的化学危害。

①重金属污染。重金属是指相对密度大于 4 或 5 的金属，约有 45 种，例如，铜、铅、锌、铁、钴、镍、钒、铌、钽、钛、锰、镉、汞、钨、钼、金、银等。大部分重金属例如汞、铅、镉等，并非生命活动所必需，而且所有重金属超过一定浓度都对人体有害。

a. 汞对食品的污染。汞分为无机汞和有机汞。有机汞曾用于杀菌剂，用以拌种或田间喷粉，目前已禁止使用。通过食物进入人体的甲基汞可以直接进入血液，与红细胞血红蛋白的硫基结合，随血液分布于各组织器官，并可以透过血脑屏障侵入脑组织，严重损害小脑和大脑两半球，致使中毒患者视觉、听觉产生严重障碍。甲基汞中毒严重者甚至出现精神错乱，痉挛死亡。

b. 砷对食品的污染。砷分为无机砷和有机砷。无机砷多数为 3 价砷和 5 价砷化合物，有机砷主要为 5 价砷。长期摄入少量的砷化物可导致慢性砷中毒，症状为进行性衰弱、食欲不振、恶心、呕吐等，同时出现皮肤色素沉着、角质增生、末梢神经炎等特有体征。砷中毒严重者出现末梢多发性神经炎，四肢感觉异常、麻木、疼痛、行走困难，直至肌肉萎缩。

c. 镉对食品的污染。镉广泛存在于自然界，但含量很低，一般食品中均可以检出镉。金属镉一般无毒，而化合物有毒。急性镉中毒出现流涎、恶心、呕吐等消化道症状。慢性镉中毒可使钙代谢失调，引起肾结石所致的肾绞痛，骨软化症或骨质疏松所致的骨骼症状。镉有致突变和致畸作用，对 DNA 的合成有强抑制作用，并可诱发肿瘤。

②二噁英对食品的污染。

二噁英的全称为多氯代二噁英，是一类三环芳香族化合物。二噁英属于脂溶性化合物，难于生物降解。二噁英具有强烈的致肝癌毒性。二噁英的主要来源是含氯化合物的生产和使用。垃圾的焚烧，煤、石油、汽油、沥青等的燃烧也会产生二噁英。一般人群接触的二噁英 90% 以上来源于食物，尤其是鱼、肉、蛋、奶等高脂肪食物。

③N – 亚硝基化合物对食品的污染。

N – 亚硝基化合物是一类对动物有较强致癌作用的化学物，能诱发多种器官和组织的肿瘤。例如，我国某些地区食管癌高发，被认为与当地食品中亚硝胺检出率较高有关。

（3）农药残留。

农药按其用途可分为杀虫剂、杀菌剂、除草剂、杀螨剂、植物生长调节剂、粮食防虫剂、灭鼠药和昆虫不育剂等。按其化学组成又可分为有机氯、有机磷、氨基甲酸酯和拟除虫菊酯等类型。

①有机氯农药。有机氯农药是指在组成上含氯的有机杀虫、杀菌剂。有机氯农药包括滴滴涕（DDT，二氯二苯三氯乙烷）和六六六（BHC，六氯环己烷）、氯丹、林丹、艾试剂和狄试剂等。虽然此类农药于 1983 年就已停止生产和使用，但毕竟其已有 30 多年的使用历史，而且有机氯农药化学性质稳定、不易降解，因此，其对食品的污染和残留在一定程度上仍然存在。

②有机磷农药。有机磷农药是指在组成上含磷的有机杀虫、杀菌剂等。多数有机磷农药化学性质不稳定，遇光和热易分解，在碱性环境中易水解。有机磷在作物中经过一段时间的自然分解转化为毒性较小的无机磷。有机磷农药对食品的污染普遍存在，其主要污染植物性食品，尤其是含有芳香物质的植物，如水果、蔬菜等。主要的污染方式是直接施用农药或来自土壤的农药污染。

③氨基甲酸酯类农药。氨基甲酸酯类为氨基甲酸的 N – 甲基取代酯类，是含氮类农药。用于农业生产的主要有杀虫剂、杀菌剂和除草剂。氨基甲酸酯类杀虫剂具有致畸、致突变、致癌的可能。

④拟除虫菊酯类农药。拟除虫菊酯类农药是近年发展较快的一类农药，是模拟天然菊酯的化学结构而合成的有机化合物。中毒者可出现头痛、乏力、流涎、惊厥、抽搐、痉挛、呼吸困难、血压下降、恶心、呕吐等症状。该类农药还具有致突变作用。

（4）兽药残留。兽药是指用于预防和治疗畜禽疾病的药物，一些促进畜禽生长、提高生产性能、改善动物性食品品质的药用成分被开发为饲料添加剂，它们也属于兽药的范畴。常见兽药残留的种类有抗生素类、合成抗生素类、抗寄生虫类、杀虫剂和激素类药物。兽药残留的危害主要表现在急性中毒、过敏反应、致癌、致畸、致突变，激素样作用等方面。

（5）加工过程中加入的化学品。全世界批准使用的食品添加剂有 25 000 种，中国允许使用的食品添加剂种类有近千种。食品添加剂的使用对食品产业的发展起着重要作用，但如果不按要求科学地使用食品添加剂，也会带来很大的负面影响。

3. 食品加工中的物理性危害

物理危害主要是由于食品中存在玻璃、金属、木头、首饰、塑料等硬物，食用时易引起口腔、牙齿甚至消化道的损伤。物理危害是客户投诉最多的问题。需要说明的是这里所讲的危害不包括发现头发、昆虫等异物。控制物理危害的措施有金属检测器检测，可查看并剔除掺有金属片的小包装食品，X 光机可查出非铁硬物等。

（二）生产过程的食品安全控制

（1）产品污染风险控制。应通过危害分析方法明确生产过程中的食品安全关键环节，并设立食品安全关键环节的控制措施。在关键环节所在区域，应配备相关的文件以落实控制措施，例如，配料（投料）表、岗位操作规程等。

鼓励采用危害分析与关键控制点体系（HACCP）对生产过程进行食品安全控制。

（2）生物污染的控制。

①清洁和消毒。应根据原料、产品和工艺的特点，针对生产设备和环境制定有效的清洁消毒制度，降低微生物污染的风险。清洁消毒制度应包括以下内容：清洁消毒的区域、设备或器具名称；清洁消毒工作的职责；使用的洗涤、消毒剂；清洁消毒方法和频率；清洁消毒效果的验证及不符合的处理；清洁消毒工作及监控记录。应确保实施清洁消毒制度，如实记录；及时验证消毒效果，发现问题及时纠正。

②食品加工过程的微生物监控。根据产品特点确定关键控制环节进行微生物监控；必要时应建立食品加工过程的微生物监控程序，包括生产环境的微生物监控和过程产品的微生物监控。食品加工过程的微生物监控程序应包括：微生物监控指标、取样点、监控频率、取样和检测方法、评判原则和整改措施等，结合生产工艺及产品特点制定。微生物监控应包括致病菌监控和指示菌监控，食品加工过程的微生物监控结果应能反映食品加工过程中对微生物污染的控制水平。

糕点、面包加工过程微生物监控要求应符合《食品安全国家标准　糕点、面包卫生规范》（GB 8957—2016）的规定，具体内容见表 8 – 5。

表8-5 糕点、面包加工过程微生物监控要求

监控项目		建议取样点	建议监控微生物指标	建议监控频率	建议监控指标限值
环境的微生物监控	食品接触表面	食品加工人员的手部、工作服、手套传送皮带、工器具以及其他直接接触食品的设备表面	菌落总数、大肠菌群	验证清洁效果应在清洁消毒之后,其他每月一次	结合生产实际情况确定监控指标限值
	与食品或食品接触表面邻近的接触表面	设备外表面、支架表面、控制面板、零件车等接触表面	菌落总数、大肠菌群等卫生状况指示微生物,必要时监控致病菌	每月至少一次	结合生产实际情况确定监控指标限值
	加工区域内的环境空气	靠近裸露产品的位置	菌落总数、霉菌	每月至少一次	结合生产实际情况确定监控指标限值
过程产品的微生物监控		生产线末端待包装产品	菌落总数、大肠菌群	每月至少一次	结合生产实际情况确定监控指标限值

微生物监控指标不符合情况的处理要求:各监控点的监控结果应当符合监控指标的限值并保持稳定,当出现轻微不符合时,可通过增加取样频次等措施加强监控;当出现严重不符合时,应当立即纠正,同时查找问题原因,以确定是否需要对微生物监控程序采取相应的纠正措施。

(3)化学污染的控制。应建立防止化学污染的管理制度,分析可能的污染源和污染途径,制定适当的控制计划和控制程序。应当建立食品添加剂和食品工业用加工助剂的使用制度,按照《食品安全国家标准 食品添加剂使用标准》(GB 2760—2014)的要求使用食品添加剂。不得在食品加工中添加食品添加剂以外的非食用化学物质和其他可能危害人体健康的物质。生产设备上可能直接或间接接触食品的活动部件若需润滑,应当使用食用油脂或能保证食品安全要求的其他油脂。建立清洁剂、消毒剂等化学品的使用制度。除清洁消毒必需和工艺需要,不应在生产场所使用和存放可能污染食品的化

学制剂。食品添加剂、清洁剂、消毒剂等均应采用适宜的容器妥善保存，且应明显标示、分类贮存；领用时应准确计量、做好使用记录。应当关注食品在加工过程中可能产生有害物质的情况，鼓励采取有效措施，降低其风险。

（4）物理污染的控制。应建立防止异物污染的管理制度，分析可能的污染源和污染途径，并制定相应的控制计划和控制程序。应通过采取设备维护、卫生管理、现场管理、外来人员管理以及加工过程监督等措施，最大限度地降低食品受到玻璃、金属、塑胶等异物污染的风险。应采取设置筛网、捕集器、磁铁、金属检查器等有效措施降低金属或其他异物污染食品的风险。当进行现场维修、维护以及施工等工作时，应采取适当措施避免异物、异味、碎屑等污染食品。

（5）包装控制。食品包装应能在正常的贮存、运输、销售条件下最大限度地保护食品的安全性和食品品质。使用包装材料时应核对标识，避免误用；应如实记录包装材料的使用情况。

（6）食品的贮存和运输中的安全控制。根据食品的特点和卫生需要选择适宜的贮存和运输条件，必要时应配备保温、冷藏、保鲜等设施。不得将食品与有毒、有害或有异味的物品一同贮存运输。应建立和执行适当的仓储制度，发现异常应及时处理。贮存、运输和装卸食品的容器、工器具和设备应当安全、无害，保持清洁，降低食品污染的风险。贮存和运输过程中应避免日光直射、雨淋、显著的温湿度变化和剧烈撞击等，防止食品受到不良影响。

（三）卫生管理制度

应制定食品加工人员和食品生产卫生管理制度以及相应的考核标准，明确岗位职责，实行岗位责任制。

（1）厂房与设施卫生管理。厂房内各项设施应保持清洁，出现问题及时维修或更新；厂房地面、屋顶、天花板以及墙壁有破损时，应及时修补。生产、包装、贮存等设备和工器具、生产用管道、裸露食品接触表面等应定期清洁消毒。

（2）虫害控制。应保持建筑物完好、环境整洁，防止虫害侵入及滋生。应制定和执行虫害控制措施，并定期检查。生产车间与仓库应采取有效措施（如纱帘、纱网、防鼠板、防蝇灯、风幕等），防止鼠类、昆虫等侵入。若发现有虫鼠害痕迹时，应追查来源，消除隐患。应准确绘制虫害控制平面图，标明捕鼠器、粘鼠板、灭蝇灯、室外诱饵投放点、生化信息素捕杀装置等放置的位置。厂区应定期进行除虫灭害工作。采用物理、化学或生物制剂进行处理时，不应影响食品安全和食品应有的品质，不应污染食品及接触表面、设备、工器具、包装材料。除虫灭害工作应有相应的记录。使用各类杀虫剂或其他药剂前，应做好预防措施避免对人身、食品、设备工具造成污染；不慎污染时，应及时将被污染的设备、工具彻底清洁，消除污染。

（3）废弃物处理。应制定废弃物存放和清除制度，有特殊要求的废弃物其处理方式应符合有关规定。废弃物应定期清除，易腐败的废弃物应尽快清除，必要时应及时清除废弃物。车间外废弃物放置场所应与食品加工场所隔离防止污染；应防止不良气味或有害有毒气体逸出；应防止虫害滋生。

（4）工作服管理。进入作业区域应穿着工作服。应根据食品的特点与生产工艺的要求配备专用工作服，例如，衣、裤、鞋靴、帽和发网等，必要时还可配备口罩、围裙、套袖、手套等。应制定工作服的清洗保洁制度，必要时应及时更换；生产中应注意保持工作服干净完好。工作服的设计、选材和制作应适应不同作业区的要求，降低交叉污染食品的风险；应合理选择工作服口袋的位置、使用的连接扣件等，降低内容物或扣件掉落污染食品的风险。

（5）检验。应通过自行检验或委托具备相应资质的食品检验机构对原料和产品进行检验，建立食品出厂检验记录制度。自行检验应具备与所检项目适应的检验室和检验能力；由具有相应资质的检验人员按规定的检验方法检验；检验仪器设备应按期检定。检验室应有完善的管理制度，妥善保存各项检验的原始记录和检验报告。应建立产品留样制度，及时保留样品。

应综合考虑产品特性、工艺特点、原料控制情况等因素，合理确定检验项目和检验频次，以有效验证生产过程中的控制措施。净含量、感官要求以及其他容易受生产过程影响而变化的检验项目的检验频次，应大于其他检验项目。同一品种不同包装的产品，不受包装规格和包装形式影响的检验项目，可以一并检验。

（6）培训。应建立食品生产相关岗位的培训制度，对食品加工人员以及相关岗位的从业人员进行相应的食品安全知识培训。应通过培训，促进各岗位从业人员遵守食品安全相关法律法规标准和执行各项食品安全管理制度的意识和责任，提高相应的知识水平。应根据食品生产不同岗位的实际需求，制定和实施食品安全年度培训计划并进行考核，做好培训记录。当食品安全相关的法律法规标准更新时，应及时开展培训。应定期审核和修订培训计划，评估培训效果，并进行常规检查，以确保培训计划的有效实施。

（7）管理制度和人员。应配备食品安全专业技术人员、管理人员，并建立保障食品安全的管理制度。食品安全管理制度应与生产规模、工艺技术水平和食品的种类特性相适应，应根据生产实际和制度实施经验，不断完善食品安全管理制度。管理人员应了解食品安全的基本原则和操作规范，能够判断潜在的危险，采取适当的预防和纠正措施，确保有效管理。

（8）记录和文件管理。应建立记录制度，对食品生产中的采购、加工、贮存、检验、销售等环节详细记录。记录内容应完整、真实，确保对产品从原料采购到产品销售的所有环节都可进行有效追溯。应如实记录食品原料、食品添加剂和食品包装材料等食品相关产品的名称、规格、数量、供货者名称、联系方式、进货日期等内容。应如实记录食品的加工过程（包括工艺参数、环境监测等）、产品贮存情况及产品的检验批号、检验日期、检验人员、检验方法、检验结果等内容。应如实记录出厂产品的名称、规格、数量、生产日期、生产批号、购货者名称及联系方式、检验合格单、销售日期等内容。应如实记录发生召回的食品名称、批次、规格、数量、发生召回的原因以及后续整改方案等内容。

食品原料、食品添加剂和食品包装材料等食品相关产品的进货查验记录、食品出厂检验记录应由记录和审核人员复核签名，记录内容应完整。保存期限不得少于两年。应建立客户投诉处理机制，对客户提出的书面或口头意见、投诉，企业相关管理部门应详细记录并查找原因，妥善处理。

应建立文件的管理制度，对文件进行有效管理，确保各相关场所使用的文件均为有效版本。鼓励采用先进技术手段（如电子计算机信息系统），进行记录和文件管理。

附　录

附录一　食品安全国家标准　糕点、面包（GB 7099——2015）

1　范围

本标准适用于糕点和面包。

2　术语和定义

2.1　糕点

以谷类、豆类、薯类、油脂、糖、蛋等一种或几种为主要原料，添加或不添加其他原料，经调制、成型、熟制等工序制成的食品，以及熟制前或熟制后在产品表面或熟制后内部添加奶油、蛋白、可可、果酱等的食品。

2.2　面包

以小麦粉、酵母、水等为主要原料，添加或不添加其他原料，经搅拌、发酵、整形、醒发、熟制等工艺制成的食品，以及熟制前或熟制后在产品表面或内部添加奶油、蛋白、可可、果酱等的食品。

3　技术要求

3.1　原料要求

原料应符合相应的食品标准和有关规定。

3.2　感官要求

感官要求应符合附表1-1的规定。

附表1-1 感官要求

项　目	要　　求	检验方法
色泽	具有产品应有的正常色泽	将样品置于白瓷盘中，在自然光下观察色泽和状态，检查有无异物，闻其气味，用温开水漱口后品其滋味
滋味、气味	具有产品应有的气味和滋味，无异味	
状态	无霉变，无生虫及其他正常视力可见的外来异物	

3.3 理化指标

理化指标应符合附表1-2的规定。

附表1-2 理化指标

项　目		指　标	检验方法
酸价（以脂肪计）（KOH）（mg/g）	≤	5	GB 5009.229
过氧化值（以脂肪计）（g/100g）	≤	0.25	GB 5009.227
注：酸价和过氧化值指标仅适用于配料中添加油脂的产品。			

3.4 污染物限量

污染物限量应符合 GB 2762 的规定。

3.5 微生物限量

3.5.1 致病菌限量应符合 GB 29921 中熟制粮食制品（含焙烤类）的规定。

3.5.2 微生物限量还应符合附表1-3的规定。

附表1-3 微生物限量

项　目	采样方案[a]及限量				检验方法
	n	c	m	M	
菌落总数[b]/（CFU/g）	5	2	10^4	10^5	GB 4789.2
大肠菌群[b]/（CFU/g）	5	2	10	10^2	GB 4789.3 平板计数法
霉菌[c]/（CFU/g） ≤	150				GB 4789.15

a 样品的采集及处理按 GB 4789.1 执行。

b 菌落总数和大肠菌群的要求不适用于现制现售的产品，以及含有未熟制的发酵配料或新鲜水果蔬菜的产品。

c 不适用于添加了霉菌成熟干酪的产品。

3.6 食品添加剂和食品营养强化剂

3.6.1 食品添加剂的使用应符合 GB 2760 的规定。

3.6.2　食品营养强化剂的使用应符合 GB 14880 的规定。

附录二　白砂糖（GB/T 317——2018）

1　范围

本标准规定了白砂糖的技术要求、试验方法、检验规则和标识、包装、运输、贮存。

本标准适用于以甘蔗、甜菜或原糖为直接或间接原料生产的白砂糖。

2　规范性引用文件

下列文件对于本文件的应用是必不可少的。凡是注日期的引用文件，仅注日期的版本适用于本文件。凡是不注日期的引用文件，其最新版本（包括所有的修改单）适用于本文件。

GB/T 191　包装储运图示标志

GB 7718　食品安全国家标准　预包装食品标签通则

GB/T 10496　糖料甜菜

GB/T 10498　糖料甘蔗

GB 13104　食品安全国家标准　食糖

GB/T 15108　原糖

GB/T 35887　白砂糖试验方法

JJF 1070　定量包装商品净含量计量检验规则

定量包装商品计量监督管理办法　国家质量监督检验检疫总局第 75 号令

3　技术要求

3.1　级别

白砂糖分为精制、优级、一级和二级共四个级别。

3.2　感官

3.2.1　晶粒应均匀，粒度在下列某一范围内应不少于 80%：

——粗粒：0.80～2.50 mm；

——大粒：0.63～1.60 mm；

——中粒：0.45~1.25 mm；

——小粒：0.28~0.80 mm；

——细粒：0.14~0.45 mm。

3.2.2 晶粒或其水溶液应味甜、无异味。

3.2.3 糖品外观应干燥松散、洁白、有光泽，每平方米表面积内长度大于0.2 mm的黑点数量不多于15个。

3.3 理化要求

应符合附表2-1的规定。

附表2-1 理化要求

项 目		指 标			
		精 制	优 级	一 级	二 级
蔗糖分/（g/100 g）	≥	99.8	99.7	99.6	99.5
还原糖分/（g/100 g）	≤	0.03	0.04	0.10	0.15
电导灰分/（g/100 g）	≤	0.02	0.04	0.10	0.13
干燥失重/（g/100 g）	≤	0.05	0.06	0.07	0.10
色值/IU	≤	25	60	150	240
混浊度/MAU	≤	30	80	160	220
不溶于水杂质/（mg·kg⁻¹）	≤	10	20	40	60

3.4 食品安全要求

应符合GB 13104的规定。

3.5 原料要求

3.5.1 以甘蔗为原料

应符合GB/T 10498的规定。

3.5.2 以甜菜为原料

应符合GB/T 10496的规定。

3.5.3 以原糖为原料

应符合GB/T 15108的规定。

3.6 定量包装要求

净含量应符合《定量包装商品计量监督管理办法》的规定。

4 试验方法

4.1 感官项目

色泽、滋味、气味、状态按 GB 13104 规定的方法测定；粒度、黑点按 GB/T 35887 规定的方法进行测定。

4.2 理化项目

蔗糖分、还原糖分、电导灰分、干燥失重、色值、混浊度、不溶于水杂质按 GB/T 35887 规定的方法进行测定。

4.3 食品安全要求

按 GB 13104 规定的方法进行测定。

4.4 净含量

按 JJF 1070 规定的方法进行测定。

5 检验规则

5.1 型式检验

5.1.1 每分离一罐糖膏为一个编号，在称量包装时，连续采集样品约 3 kg，放在带盖的容器中，混匀后为编号样品，该样品除供编号分析之用外，另取 0.5 kg 放在带盖的容器中，积累 24 h 后为日集合样品。

取 1.5 kg 日集合样品，用食品级塑料袋密封包装，或磨砂口玻璃瓶盛装，标明产品编号、级别、生产日期、样品基数、检验结果及检验员，于通风干燥的环境处留存，供工厂自检及质量监督检验之用。经供、收双方认可，可作为仲裁检验留样，一次抽检或仲裁检验结果，对先后出厂的同一编号糖有效。

5.1.2 生产厂在保证产品质量稳定的前提下，每编号样品可按生产的实际情况进行项目的抽检，检验项目包括：蔗糖分、还原糖分、电导灰分、干燥失重、色值、混浊度、不溶于水杂质，日集合样品检验理化要求的全部项目；检验结果若有一项或一项以上不符合该级别要求的，则按实达级别处理，达不到二级白砂糖指标的按不合格品处理。

5.1.3 有下列情况之一时，进行技术要求全部项目的检验，检验结果作为对产品质量的全面考核：

（1）新产品或者产品转厂生产的试制定型鉴定；

（2）生产期开始或洗机后恢复生产时；

（3）正常生产的前期、中期、后期；

（4）交收检验出现不合格批时；

（5）原料、工艺有较大变化，可能影响产品质量时；

（6）质量监督机构提出要求检验时。

5.2 交收检验

5.2.1 每一次交货的白砂糖为一个交收批，每批白砂糖应附有生产厂的检验合格报告，收货方凭检验合格报告收货，交收双方均有权提出在现场抽检或抽样封存。日后若有质量争议，符合贮存条件保管的封存样品作为仲裁检验样品，由法定质量仲裁检验机构出具的检验结果为该批白砂糖仲裁检验结果。

5.2.2 每个交收批为一个检验批

5.2.3 从同一批次样品堆的 4 个不同部位随机抽取 4 个或 4 个以上的大包装。抽取小于 1 kg 包装单位的产品，抽样数量不少于 4 个包装，抽样量不少于 2 kg；大于 1 kg 的包装单位产品，抽样量不少于 2 kg。

5.2.4 交收检验项目至少为理化要求的全部项目，需增加项目时，在供、收双方的书面合同中明确。

5.2.5 抽样器、盛装容器应洁净。

5.3 判定规则

5.3.1 检验结果如有一项指标检验不合格，则该批次产品为不合格产品。

凡某指标检验不合格，应另取一份样品复检，若仍不合格，则判该项目不合格；若复检合格，则应再取一份样品作第二次复检，以第二次复检结果为准。食品安全要求中生物指标不合格，判为不合格品。

5.3.2 当供需双方对产品质量发生争议时，可由双方协商解决或委托仲裁机构复检及判定。

6 标识、包装、运输、贮存

6.1 标识

6.1.1 预包装白砂糖标签应符合 GB 7718 的规定。

6.1.2 推荐在白砂糖标签上标注保质期，保质期由生产企业或包装单位自行确定。

6.1.3 包装储运标志应符合 GB/T 191 的规定。

6.2　包装

6.2.1　包装容器与材料应符合相应的卫生标准和有关规定。

6.2.2　产品包装应严密，无破损现象。

6.2.3　外包装箱应完整、牢固、外表清洁，与所装内容物相符合、箱外胶封、捆扎结实。

6.2.4　每批糖出厂时，由生产厂附送产品检验报告，运输与保管条件说明书一份。

6.3　运输、贮存

6.3.1　运输工具和糖仓应清洁、干燥，不应与有害、有毒、有异味和其他易污染物品混运、混贮，用船运载和仓贮时糖堆下面应有垫层，以防受潮。

6.3.2　贮存环境的空气相对湿度应保持在70%以下，温度不超过38 ℃。

参 考 文 献

［1］刘江汉. 焙烤工业实用手册［M］. 北京：中国轻工业出版社，2003.

［2］国家标准. GB 8957—2016 食品安全国家标准　糕点、面包卫生规范［S］. 北京：中国标准出版社，2016.

［3］国家标准. GB 14881—2013 食品安全国家标准　食品生产通用卫生规范［S］. 北京：中国标准出版社，2013.

［4］赵晋府. 食品工艺学［M］. 2 版. 北京：中国轻工业出版社，2007.

［5］马长路. 食品安全质量控制与认证［M］. 北京：北京师范大学出版社，2015.

［6］李永军. 西式面点制作技能［M］. 北京：机械工业出版社，2008.

［7］陈平. 焙烤食品加工技术［M］. 2 版. 北京：中国轻工业出版社，2017.

［8］朱珠. 焙烤食品加工技术［M］. 3 版. 北京：中国轻工业出版社，2017.

［9］李威娜. 焙烤食品加工技术［M］. 北京：中国轻工业出版社，2013.

［10］洪文龙. 焙烤食品加工与生产管理［M］. 北京：北京师范大学出版社，2016.

［11］周发茂. 西点制作工艺实训［M］. 北京：中国劳动社会保障出版社，2012.

［12］钟志惠. 西点制作技术［M］. 北京：科学出版社，2010.